教科書ガイド

大日本図書版

理科の世界

── 完全準拠 ──

中学理科
2年

編集発行 **文理**

この本の使い方

はじめに

この教科書ガイドは，あなたの教科書にぴったりに合わせてつくられた自習書です。

自然科学の研究は，いつも「なぜだろう？」という，そぼくな疑問からはじまります。

教科書では，この「なぜだろう？」を解明する道すじが，いろいろなかたちで解説されています。この本は，教科書の内容にそって，「なぜだろう？」を解決するためのガイドの役目をしてくれます。教科書やこの本を土台にして，自然科学の原理や法則を，自分のものにしてください。

この本の構成

この本には，教科書の構成にしたがって，教科書本文のまとめ，実験・観察の解説，問題の解答と考え方が用意されています。

■**教科書のまとめ** 教科書の内容を，詳しく，わかりやすくまとめてあります。試験対策にも役立ててください。

■**実験・観察などのガイド** 教科書の実験や観察の目的・方法・結果などについて，注意する点や参考などをおりまぜて，ていねいに解説してあります。

■**教科書の問題** 教科書のすべての問題について，解答と考え方をわかりやすくまとめてあります。

すぐに解答を見るのではなく，まずは自分で解いてみてください。それから解答が合っているか確かめるようにしてください。

●**テスト対策問題** 定期テストによく出る問題を扱っています。わからないところは前に戻って確認しましょう。

効果的な使い方

赤フィルターで
繰り返す！

③学習を定着させる

①知識を確認する

②理解を深める

テスト対策問題や単元末問題を解いて，学習した内容をおさらいしよう！

教科書のまとめ，実験・観察などのガイドを読んで重要語句をおさえる！

教科書の **演習** や **章末**問題にチャレンジ！問題の考え方を理解しよう。

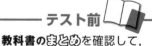

テスト前

教科書のまとめを確認して，**テスト**対策問題にとり組もう！

もくじ

もくじ

単元1 化学変化と原子・分子

1章 物質の成り立ち

❶ 熱による分解

テーマ
酸化銀の熱分解
炭酸水素ナトリウムの熱分解　　化学変化　　分解　　熱分解

教科書の まとめ

□ **化学変化** ▶ある物質が別の物質になる変化。**化学反応**ともいう。

> **参考**
> 状態変化では別の物質になることはないが，化学変化では別の物質になる。

□ **分解** ▶1種類の物質が2種類以上の物質に分かれる化学変化。物質を分解してできた物質から，もとの物質の成分を知ることができる。

□ **熱分解** ▶加熱したときに起こる分解。
① 酸化銀の熱分解　　　　　　　　　　　→ **実験**

酸化銀 ⟶ 銀＋酸素

② 炭酸水素ナトリウムの熱分解　　　　→ **実験1**
　　　　　　　　　　　　　　　　　　→ **やってみよう**

炭酸水素ナトリウム ⟶ 炭酸ナトリウム＋二酸化炭素＋水

> **参考**
> 炭酸水素ナトリウムは，ベーキングパウダーの主な成分。

教科書 p.11 実験のガイド

酸化銀を加熱して変化を調べる実験

❶ アルミニウムはくでつくった皿の上に，酸化銀（約0.5g）をのせる。

❷ 図のような装置を組み立て，酸化銀を加熱したときの変化を調べる。

❸ 加熱したときに発生した気体の中に火のついた線香を入れる。

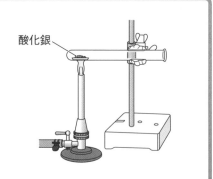

酸化銀

実験のまとめ

❷ 黒色の酸化銀を加熱すると，気体を発生しながらしだいに白くなる。

❸ 発生した気体の中に火のついた線香を入れると，線香が炎を出して燃えた。

→気体の酸素が発生したとわかる。

加熱後の白い物質は，下の図のような性質をもつ。

→加熱後の物質は金属（銀）。酸化銀は下の図のような性質を示さない。

酸化銀を加熱してできた物質の性質

・薬さじ

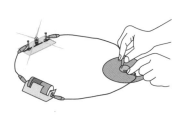

・こするとぴかぴかと光る。　・たたくとうすく広がる。　・電流が流れる。

酸化銀の熱分解：酸化銀 ⟶ 銀＋酸素

教科書
p.14

実験のガイド

実験1　炭酸水素ナトリウムの熱分解

❶ 装置を組み立て，炭酸水素ナトリウムを加熱する。

図のように装置を組み立てる。ゴム管の先を石灰水から抜いておき，ガスバーナーに火をつける。

炭酸ナトリウムを加熱し始めてから，すぐにゴム管の先を石灰水に入れる。⇨✖1〜3

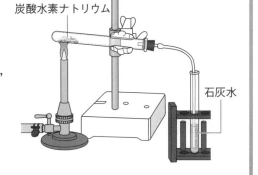
炭酸水素ナトリウム
石灰水

❷ 発生した気体を調べる。

気体を通した石灰水の変化を観察する。気体の発生が止まったら，石灰水からゴム管を抜きとり，火を消す。⇨✖1〜5

❸ 試験管に付着した液体を調べる。

加熱した試験管の口に付着した液体に，青色の塩化コバルト紙をつける。⇨✖6

塩化コバルト紙

❹　炭酸水素ナトリウムと加熱後の固体の性質
のちがいを調べる。
水への溶けやすさや，フェノールフタレイン
液を入れたときの色の変化を比べる。⇨✖7

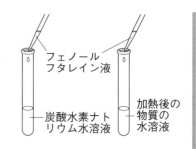

フェノールフタレイン液

炭酸水素ナトリウム水溶液

加熱後の物質の水溶液

✖1　注意 保護眼鏡をかける。
✖2　注意 やけどに注意する。
✖3　注意 発生した液体が加熱部分に流れこむと，試験管が割れることがあるので，口を少し下向きにする。
✖4　注意 石灰水が逆流しないよう，ゴム管の先を石灰水の中から抜きとってから火を消す。

✖5　注意 加熱をやめた直後の試験管は，熱いので触らない。試験管を十分冷ましてから行う。
✖6　青色の塩化コバルト紙は，水にふれると赤色になる。
✖7　フェノールフタレイン液は，アルカリ性の水溶液に入れると赤色になる。

🧪 実験の結果

❶　気体が発生した。
❷　石灰水が白くにごった。
❸　青色の塩化コバルト紙が赤色になった。
❹　加熱後の固体は水によく溶け，フェノールフタレイン液を入れると赤色にはっきりと変色し，強いアルカリ性を示した。
　　炭酸水素ナトリウムは，水に溶けにくく，フェノールフタレイン液を入れると赤色にわずかに変色し，弱いアルカリ性を示した。

💭 結果から考えよう

①発生した気体や試験管に付着した液体は，それぞれどのような物質だと考えられるか。
→石灰水が白くにごったことから，発生した気体は二酸化炭素だとわかる。また，青色の塩化コバルト紙が赤色になったことから，試験管に付着した液体は水だとわかる。
②加熱後の固体は，加熱前の炭酸水素ナトリウムと同じ物質であると考えられるか。
→水への溶けやすさや，フェノールフタレイン液の色の変化のちがいから，炭酸水素ナトリウムとは異なる物質だとわかる。

単元1

1章

③炭酸水素ナトリウムは，加熱されてどのようになったといえるか。

→気体の二酸化炭素，液体の水，炭酸水素ナトリウムとは異なる白い固体の3
　つの物質に分解した。

　炭酸水素ナトリウムの熱分解：炭酸水素ナトリウム

　　　　　　　　　　　　　　　　──→炭酸ナトリウム＋二酸化炭素＋水

教科書
p.18

やってみよう

┌ カルメ焼きをつくってみよう ┐

煮詰めた砂糖水に炭酸水素ナトリウム（重曹）を加えると，膨らんでカルメ焼き
ができる。炭酸水素ナトリウムを加えなかった場合は，どのようになるだろうか。

⇨✖1

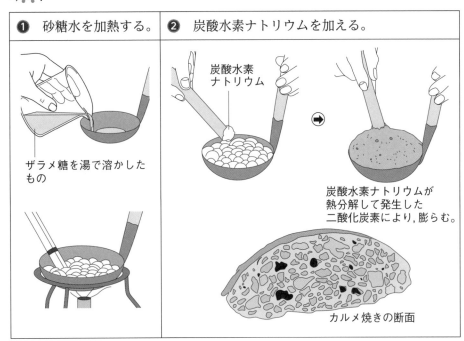

❶　砂糖水を加熱する。	❷　炭酸水素ナトリウムを加える。
ザラメ糖を湯で溶かしたもの	炭酸水素ナトリウム 炭酸水素ナトリウムが熱分解して発生した二酸化炭素により，膨らむ。 カルメ焼きの断面

✖1　注意 やけどに注意する。

⛰ やってみようのまとめ

　　カルメ焼きの断面にあるたくさんの穴は，炭酸水素ナトリウムを加熱したと
　きに発生した二酸化炭素によってできたものである。

→炭酸水素ナトリウムを加えなかった場合は，膨らまずに黒く焦げてしまう。

❷ 電気による分解

テーマ 電気分解　　電気分解装置（電解装置）　　水の電気分解
電気分解装置の使い方　　電源装置の使い方　　電気による水の分解

教科書の まとめ

□電気分解	▶電気のエネルギーによって物質を分解すること。電解ともいう。
□電気分解装置	▶物質を電気分解する装置。　　　　　　　→ **基本操作**
□水の電気分解	▶水酸化ナトリウムを溶かした水を電気分解すると，水が水素と酸素に分解する。　　　　　　　　　→ **実験2**
	① 陰極(いんきょく)側に水素が発生する。
	② 陽極側に酸素が発生する。

教科書 p.20 基本操作

電気分解装置（電解装置）の使い方

❶ 装置を準備する。 ⇨✖1
装置の上部にゴム栓(せん)をする。

❷ 液体を入れる。 ⇨✖2, 3
① バットなどの上にのせ，装置を前に倒(たお)し，背面の穴からろうとを使って分解したい液体を入れる。
② 装置を立てる。

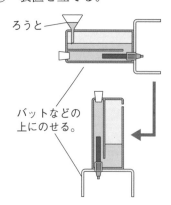

ろうと

バットなどの
上にのせる。

❸ 電圧(でんあつ)を加える。
① 装置の電極と電源装置をつなぐ。
② 電源装置の電源スイッチを入れ，電圧調整つまみをゆっくりと右に回し，必要な電圧の大きさにする。
③ 終了(しゅうりょう)するときは，電圧を0Vにして，電源装置の電源スイッチを切る。

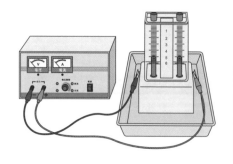

単元1

1章

✖1 注意 ゴム栓は，外れないようしっかり押しこむ。

✖2 注意 液体をこぼさないよう注意する。

✖3 注意 液体が目に入らないよう，保護眼鏡をかける。

電源装置の使い方

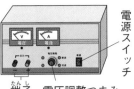

電源スイッチ

端子　電圧調整つまみ

❶ 直流になっていることを確認し，電源スイッチを入れる。

❷ 電源調整つまみをゆっくりと右に回し，必要な電圧にする。

※詳しくは，教科書p.178参照。

H字型電気分解装置の使い方

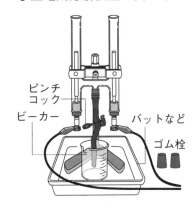

ピンチコック

ビーカー

バットなど

ゴム栓

❶ 図のようにピンチコックを閉じた状態で，分解したい液体を管内に注ぐ。液体をいっぱいにしたら，管の上部にゴム栓をする。

❷ ピンチコックを開いて，電源装置の電源スイッチを入れ，電圧の大きさを調整する。

❸ 分解が終わったら，電圧を0Vにして，電源装置の電源スイッチを切る。

❹ ピンチコックを閉じる。

教科書 p.21

実験のガイド

実験2 電気による水の分解

❶ 装置を組み立て，電圧を加える。水酸化ナトリウムを溶かした水を電気分解装置に入れ，電源装置につなぐ。電圧調整つまみを回し，電圧が3〜5Vになるようにする。
⇨✖1〜3

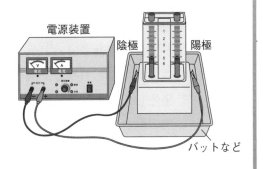

電源装置

陰極　陽極

バットなど

❷ 電極のようすを観察する。
⇨✖4

●陰極，陽極のそれぞれの電極のようす

●陰極側，陽極側に集まる気体の体積の割合

❸ 発生した気体の性質を調べる。

気体が集まったら電源装置の電源スイッチを切り，次のようにして調べる。

陰極側のゴム栓をとり，マッチの炎を素早く近づける。

マッチ

陽極側は閉じておく。

陰極側　　陽極側

陽極側のゴム栓をとり，火のついた線香を入れる。

線香

陰極側は閉じておく。

陰極側　　陽極側

✖1 注意 純粋な水の場合は大きな電圧が必要だが，水酸化ナトリウムを溶かせば，小さな電圧で分解が進む。

✖2 注意 液体が目に入らないよう，保護眼鏡をかける。

✖3 注意 水酸化ナトリウムを溶かした水は目に入ったり，手や衣服につい

たりしないように注意する。ついてしまったら，すぐに多量の水で洗い流す。

✖4 電気による分解を行うとき，電源装置の＋極につないだ電極を陽極，－極につないだ電極を陰極という。

🧪 実験の結果

❶ 水に加える電圧を少しずつ大きくしていくと，両電極で気体が発生した。

❷ 水に加える電圧を大きくすると気体の発生は激しくなった。
陰極側には，陽極側に比べて約2倍の体積の気体が集まった。

❸ 陰極側の気体はマッチの炎を近づけると音を立てて燃え，陽極側の気体は火のついた線香を入れると線香が炎を上げて燃えた。

🧠 結果から考えよう

陰極側，陽極側に発生した気体は，それぞれ何だと考えられるか。

→マッチの炎を近づけると気体が音を立てて燃えたことから，陰極で発生した気体は水素だとわかる。火のついた線香が炎を上げて燃えたことから，陽極で発生した気体は酸素だとわかる。水を分解すると，水素と酸素が2：1の体積の割合で発生すると考えられる。

水の電気分解：水 ⟶ 水素＋酸素

❸ 物質をつくっているもの

| テーマ | 原子　　元素　　原子の性質　　元素記号
周期表　　分子　　化学式　　単体　　化合物 |

教科書の まとめ

□ 原子
▶物質をつくっている最小の粒子。19世紀のはじめに，イギリスの化学者ドルトンが，その最小の粒子を原子とよんだ。

□ 元素
▶原子の種類のこと。2019年までに118種類が知られている。自然界の物質は，元素の組み合わせによってできている。

□ 原子の性質
▶原子の性質には，次のようなものがある。

①化学変化のとき，原子はそれ以上分けられない。

②化学変化のとき，原子はなくなったり，新しくできたり，他の元素の原子に変わったりしない。
 銀原子 金原子

③原子の質量は，種類によって決まっている。

銀原子　金原子

□ 元素記号
▶元素を簡単に表現するために決められている，世界で共通の記号。

例 元素記号の例　　　　　　　　　→ やってみよう

非金属の元素		金属の元素	
水素	H	ナトリウム	Na
炭素	C	マグネシウム	Mg
窒素	N	アルミニウム	Al
酸素	O	カリウム	K
ネオン	Ne	カルシウム	Ca
硫黄	S	鉄	Fe
塩素	Cl	銅	Cu
アルゴン	Ar	亜鉛	Zn
		銀	Ag
		バリウム	Ba
		金	Au

□**周期表**（しゅうきひょう）

▶ロシアの化学者メンデレーエフが，元素を原子の質量の順に並べると，性質の似たものが周期的に現れることを発見した。こうした規則性をもとにつくった表。縦の並びには，性質の似た元素が並んでいる。　　　　　　　(注)現在は，原子の構造にもとづく。

	1	2	3	4	5	6	7	8	9	10	11	12	13	14	15	16	17	18
1	₁H 1																	₂He 4
2	₃Li 7	₄Be 9											₅B 11	₆C 12	₇N 14	₈O 16	₉F 19	₁₀Ne 20
3	₁₁Na 23	₁₂Mg 24											₁₃Al 27	₁₄Si 28	₁₅P 31	₁₆S 32	₁₇Cl 35	₁₈Ar 40
4	₁₉K 39	₂₀Ca 40	₂₁Sc 45	₂₂Ti 48	₂₃V 51	₂₄Cr 52	₂₅Mn 55	₂₆Fe 56	₂₇Co 59	₂₈Ni 59	₂₉Cu 64	₃₀Zn 65	₃₁Ga 70	₃₂Ge 73	₃₃As 75	₃₄Se 79	₃₅Br 80	₃₆Kr 84
5	₃₇Rb 85	₃₈Sr 88	₃₉Y 89	₄₀Zr 91	₄₁Nb 93	₄₂Mo 96	₄₃Tc (99)	₄₄Ru 101	₄₅Rh 103	₄₆Pd 106	₄₇Ag 108	₄₈Cd 112	₄₉In 115	₅₀Sn 119	₅₁Sb 122	₅₂Te 128	₅₃I 127	₅₄Xe 131
6	₅₅Cs 133	₅₆Ba 137	ランタノイド 57〜71	₇₂Hf 178	₇₃Ta 181	₇₄W 184	₇₅Re 186	₇₆Os 190	₇₇Ir 192	₇₈Pt 195	₇₉Au 197	₈₀Hg 201	₈₁Tl 204	₈₂Pb 207	₈₃Bi 209	₈₄Po (210)	₈₅At (210)	₈₆Rn (222)
7	₈₇Fr (223)	₈₈Ra (226)	アクチノイド 89〜103	₁₀₄Rf (267)	₁₀₅Db (268)	₁₀₆Sg (271)	₁₀₇Bh (272)	₁₀₈Hs (277)	₁₀₉Mt (276)	₁₁₀Ds (281)	₁₁₁Rg (280)	₁₁₂Cn (285)	₁₁₃Nh (278)	₁₁₄Fl (289)	₁₁₅Mc (289)	₁₁₆Lv (293)	₁₁₇Ts (293)	₁₁₈Og (294)

ランタノイド	₅₇La 139	₅₈Ce 140	₅₉Pr 141	₆₀Nd 144	₆₁Pm (145)	₆₂Sm (150)	₆₃Eu 152	₆₄Gd 157	₆₅Tb 159	₆₆Dy 163	₆₇Ho 165	₆₈Er 167	₆₉Tm 169	₇₀Yb 173	₇₁Lu 175
アクチノイド	₈₉Ac (227)	₉₀Th 232	₉₁Pa 231	₉₂U 238	₉₃Np (237)	₉₄Pu (239)	₉₅Am (243)	₉₆Cm (247)	₉₇Bk (247)	₉₈Cf (252)	₉₉Es (252)	₁₀₀Fm (257)	₁₀₁Md (258)	₁₀₂No (259)	₁₀₃Lr (262)

□**分子**（ぶんし）

▶物質の性質を示す最小の粒子。　　　→ **やってみよう**

□**化学式**（かがくしき）

▶元素記号を使い，物質の種類を表したもの。　　　→ **やってみよう**

●分子からなる物質

同じ種類の元素の原子2個が結びついた分子

例 水素H_2，酸素O_2

2種類の元素の原子が結びついた分子

例 水H_2O，二酸化炭素CO_2

●分子をつくらない物質

1種類の元素の原子が集まってできている物質

例 銀Ag，銅Cu

2種類の元素の原子が決まった割合で集まってできている物質

例 塩化ナトリウムNaCl，酸化銀Ag_2O

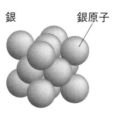

銀　　　銀原子

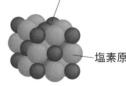

塩化ナトリウム　ナトリウム原子

塩素原子

□**単体**（たんたい）

▶1種類の元素からできている物質。　　　→ **やってみよう**

□**化合物**（かごうぶつ）

▶2種類以上の元素からできている物質。　　　→ **やってみよう**

教科書 p.26

やってみよう

元素記号を使ってビンゴをしてみよう

❶ 教科書p.25の表1やp.316～p.317から好きな元素を選んで，元素記号をビンゴカードに記入する。

❷ 読み上げられた元素名の記号に〇をつける。

やってみようのまとめ

水素！

教科書 p.29

やってみよう

原子や分子の模型をつくってみよう

❶ 原子の種類ごとに色や大きさを変えた発泡ポリスチレンの球を用意する。
➡✖1

❷ 教科書p.28の図16などを参考に，球どうしをようじでつなぐ。

✖1 コツ 発泡ポリスチレンの球のかわりに，粘土を用いてもよい。

やってみようのまとめ

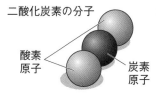
二酸化炭素の分子
酸素原子 炭素原子

水素の分子
水素原子

酸素の分子
酸素原子

水の分子 酸素原子
水素原子

やってみよう 教科書 p.31

化学式から物質のつくりを考えてみよう

化学式から物質のつくりを考えて，モデルで表してみよう。

① 窒素：化学式はN_2

② 金：化学式はAu

③ 塩化水素：化学式はHCl

やってみようのまとめ

① 窒素 N_2

② 金 Au

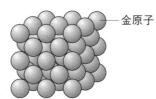

③ 塩化水素 HCl

やってみよう 教科書 p.32

物質を単体と化合物に分類してみよう

身のまわりや理科室にある物質の化学式を調べ，単体と化合物に分けてみよう。

やってみようのまとめ

単体の例…（分子をつくる）酸素O_2，水素H_2，窒素N_2，アルゴンAr

（分子をつくらない）銅Cu，銀Ag，金Au，ダイヤモンドC，亜鉛Zn

化合物の例…（分子をつくる）二酸化炭素CO_2，水H_2O，塩化水素HCl，

アンモニアNH_3

（分子をつくらない）酸化銀Ag_2O，塩化ナトリウムNaCl

（注意）　次の物質は混合物である。

空気（N_2，O_2，Ar，CO_2など），食塩水（NaCl，H_2O），

炭酸水（CO_2，H_2O），塩酸（HCl，H_2O）

❹ 化学反応式

テーマ 化学反応式　化学反応式のつくり方

教科書の まとめ

□ 化学反応式（かがくはんのうしき）

□ 炭が燃える
ときの化学
変化

▶ 化学変化のようすを化学式を用いて表した式。

▶ ① 化学変化を物質名を使って表す。　　→ 基本操作

炭素 ＋ 酸素 ⟶ 二酸化炭素

② 物質をモデルと化学式で表す。

 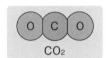

③ 式の左側と右側で, 各原子の個数が等しいかどうかを調べる。

$$C + O_2 \longrightarrow CO_2$$

左側	炭素原子	1個	右側	炭素原子	1個
	酸素原子	2個		酸素原子	2個

基本操作

教科書 p.35

化学反応式のつくり方

例 水が分解して水素と酸素になる化学変化

❶ 化学変化を物質名を使って式で表す。

水 ⟶ 水素 ＋ 酸素

❷ 物質をモデルと化学式で表す。

❸ 式の左側と右側で, 各原子の個数が等しいかどうか調べる。

左側	水素原子	2個	右側	水素原子	2個
	酸素原子	1個		酸素原子	2個

合わない場合は, 等しくなるようにそれぞれの物質の数を調整する。

① 式の左側に水の分子を1個追加し，酸素原子の数を合わせる。

② 式の右側では水素原子が2個少なくなるため，右側に水素の分子を1個
追加する。

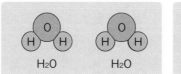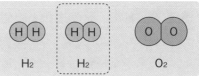

❹ 左右の原子の数が等しくなったら，同じ種類の分子をまとめる。例えば，
水素の分子2個は，2H₂と書く。こうして化学反応式を完成させる。
この化学反応式は，次のことを表している。
水の分子2個が分解して，水素の分子2個と酸素の分子1個ができる。

$$2H_2O \longrightarrow 2H_2 + O_2$$

化学反応式の数字

水の分子が2個ある
ことを表している。

水の分子中に水素
原子が2個あるこ
とを表している。

水の分子中に酸素原
子が1個あることを
表している。
1は省略する。
H₂O₁とは書かない。

水素の分子が2個あ
ることを表している。

酸素の分子が1個ある
ことを表している。
1は省略する。
1O₂とは書かない。

教科書
p.36

演習 炭酸水素ナトリウム（$NaHCO_3$）が分解して，炭酸ナトリウム（Na_2CO_3），
二酸化炭素（CO_2），水（H_2O）になる化学変化を化学反応式で表しなさい。

演習 の解答 $2NaHCO_3 \longrightarrow Na_2CO_3 + CO_2 + H_2O$

考え方 $NaHCO_3 \longrightarrow Na_2CO_3 + CO_2 + H_2O$ の式の左側
と右側で，各原子（Na，H，C，O）の個数が等しいかどうか調べ
ると，左側でNaが1個，Hが1個，Cが1個，Oが3個少なくなるので，
左側に$NaHCO_3$を1個追加する。

章末問題
教科書 p.36

①化学変化(化学反応)とは，どのような変化か。簡単に説明しなさい。

②ベーキングパウダーを入れてホットケーキを焼くと，生地が膨らむのはなぜか。

③電気によって水を分解するとき，できる物質は何か。物質名と化学式で答えなさい。

④単体，化合物とはどのような物質か。

 解答

①ある物質が別の物質になる変化

②炭酸水素ナトリウムが熱分解したときに発生する二酸化炭素が，生地を膨らませるから。

③水素H_2，酸素O_2

④単体…1種類の元素からできている物質，

化合物…2種類以上の元素からできている物質

考え方

①ある物質が別の物質になる変化を化学変化(化学反応)という。液体が気体になる変化は状態変化であり，化学変化ではない。

②炭酸水素ナトリウムを熱分解すると，気体の二酸化炭素が発生する。

③水H_2Oをつくっている元素は，HとOである。

④物質を化学式で書くと，単体か化合物か判断できる。水素H_2，酸素O_2は単体である。水H_2O，炭酸水素ナトリウム$NaHCO_3$，二酸化炭素CO_2は化合物である。

テスト対策問題

解答は巻末にあります。

時間30分 /100

1 右の図のような装置で酸化銀を熱分解した。次の問いに答えよ。 6点×5(30点)

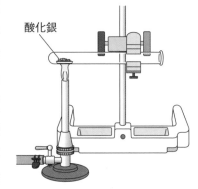

(1) このとき発生した気体は何か。 （　　　　　）

(2) (1)の物質を化学式で表せ。 （　　　　　）

(3) 熱分解して，黒色の酸化銀は何色の何という物質に変わったか。 色（　　　　　）

物質（　　　　　）

(4) (3)の物質を化学式で表せ。 （　　　　　）

2 右の図のような装置で炭酸水素ナトリウムを熱分解した。次の問いに答えよ。

7点×5(35点)

(1) 加熱後の試験管に残った白い物質Ａを溶かした水溶液に，フェノールフタレイン液を加えると何色になるか。また，そのことからどんなことがわかるか。

色（　　　　　） わかること（　　　　　　　　　　　　）

(2) 試験管の口にできた液体Ｂを青色の試験紙につけたら，試験紙が赤くなった。この試験紙は何か。 （　　　　　　　　）

(3) 試験管に集まった気体Ｃに石灰水を加えて振ったら，石灰水が白くにごった。発生した気体は何か。 （　　　　　　　　）

(4) 炭酸水素ナトリウムのように，２種類以上の元素からできている物質を何というか。 （　　　　　　　　）

3 右の図のような装置で，水酸化ナトリウムを溶かした水を電気分解した。次の問いに答えよ。 7点×5(35点)

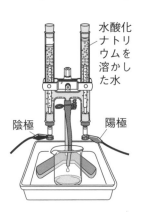

水酸化ナトリウムを溶かした水

(1) 水酸化ナトリウムを溶かした水を使うのはなぜか。

（　　　　　　　　　　　　　　　　）

(2) 陽極，陰極に発生した気体はそれぞれ何か。

陽極（　　　　　） 陰極（　　　　　）

陰極　　　　陽極

(3) 陽極で発生した気体を化学式で表せ。 （　　　　　）

(4) 水を電気分解したときの化学変化を，化学反応式で表せ。

（　　　　　　　　　　　　　　　　）

単元1 化学変化と原子・分子

2章 いろいろな化学変化

① 酸素と結びつく化学変化－酸化

テーマ | 酸化　　酸化物　　燃焼　　有機物の燃焼　　金属の燃焼
穏やかな酸化　　酸化を防ぐ工夫　　アルミニウムの酸化物

教科書の まとめ

□酸化
▶物質が酸素と結びつく化学変化。 　　　　　→ 実験3

□酸化物
▶酸化によってできる物質。 　　　　　　　→ 実験3

□燃焼
▶光や熱を出しながら酸素と結びつく化学変化が激しく進む現象。

→ 実験3

例 炭素　＋　酸素　⟶　　二酸化炭素

$$C \quad + \quad O_2 \quad \longrightarrow \quad CO_2$$

水素　＋　酸素　⟶　　水

$$2H_2 \quad + \quad O_2 \quad \longrightarrow \quad 2H_2O$$

マグネシウム　＋　酸素　⟶　　酸化マグネシウム

$$2Mg \quad + \quad O_2 \quad \longrightarrow \quad 2MgO$$

□有機物の燃焼
▶有機物には炭素原子と水素原子が含まれているので，有機物が燃焼すると，二酸化炭素と水ができる。 　　　→ やってみよう

例 メタン（気体の有機物で，天然ガスの主成分）の燃焼

メタン　＋　酸素　⟶　二酸化炭素　＋　　水

$$CH_4 \quad + \quad 2O_2 \quad \longrightarrow \quad CO_2 \quad + \quad 2H_2O$$

□穏やかな酸化
▶金属が穏やかに酸化されたときにできる酸化物を「さび」という。

参考 10円硬貨とさび
新しい10円硬貨が輝きを失ってしまうのは，穏やかに酸化が進み，硬貨の表面に酸化銅ができるからである。

参考 銅像とさび
銅像の緑色は，緑青とよばれる銅のさびである。

□酸化を防ぐ工夫
▶金属の表面に塗料を塗り，酸化を防止する。塗料も酸化されるため，一定期間ごとに塗り直す。

□アルミニウムの酸化物
▶アルミニウムは，少し酸化されると表面にうすくてきめの細かい酸化物の膜ができ，それ以上の酸化が進みにくい。

やってみよう 教科書 p.40

有機物の燃焼で発生する物質を調べてみよう

❶　ろうとの内側に石灰水をつけ，ガスコンロの炎にかざす。⇨✖1, 2

❷　乾燥したビーカーを，炎にかざす。⇨✖1

白くくもった。

水滴でくもった。

✖1　注意 作業用手袋をつけて実験する。
✖2　ガスコンロの燃料は気体の有機物である。

やってみようのまとめ

❶　ろうとの内側につけた石灰水が白くにごった。→二酸化炭素の発生

❷　ビーカーの内側が水滴でくもった。→水の発生

　有機物が燃焼すると，二酸化炭素と水ができたことから，有機物は炭素原子と水素原子を含んでいることがわかる。

実験のガイド 教科書 p.43

実験3　金属の燃焼

Ａ　マグネシウムリボンで調べる

❶　加熱する。

①　マグネシウムリボンをピンセットではさんで，炎に入れる。

②　火がついたらステンレス皿に入れる。⇨✖1

❷　加熱前後の物質の性質を比べる。マグネシウムリボンと加熱後の物質をそれぞれうすい塩酸に入れ，反応のしかたにどのようなちがいがあるか観察する。⇨✖2, 3

マグネシウムリボン
加熱後の物質
うすい塩酸

B スチールウール(鉄)で調べる

❶ スチールウールをはかりとる。スチールウール約1gをはかりとり、十分にほぐしてうすく広げる。

アルミニウムはくでつくった皿

❷ 加熱する。スチールウールに火をつける。

❸ 加熱後の物質の質量をはかる。⇨✖2

❹ 加熱前後の物質の性質を比べる。スチールウールと加熱後の物質をそれぞれうすい塩酸に入れて、反応のしかたにどのようなちがいがあるか観察する。⇨✖3, 4

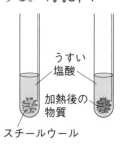

うすい塩酸
加熱後の物質
スチールウール

✖1 注意 激しい光が発生するので、見つめない。

✖2 注意 加熱をやめた直後は熱いので、冷めてから行う。

✖3 注意 火の近くで行わない。

✖4 注意 換気を行う。

🧪 実験の結果

A❶B❷ マグネシウムリボンやスチールウール(鉄)を加熱すると、光を出して燃焼した。

B❸ スチールウール(鉄)の燃焼後の質量は、燃焼前に比べて大きくなった。

A❷B❹ 燃焼後に残った物質には、金属光沢(こうたく)はなく、うすい塩酸に入れたときのようすも、加熱前のものとは異なっていた。

マグネシウムリボンやスチールウール(鉄)をうすい塩酸に入れると、どちらも気体(水素)を出して溶けたが、加熱後の物質をうすい塩酸に入れても、どちらも気体を出さず、溶けなかった。

A マグネシウムリボン

マグネシウムリボン

マグネシウムリボンが燃焼している
ようす

加熱前の物質

加熱後の物質

気体(水素)を
出して溶ける。

マグネシウムリボンと加熱後の物質をうす
い塩酸に入れたときのようす

B スチールウール

スチールウール

スチールウールが燃焼しているようす

加熱後の物質
光沢はなく，もろい。

🧠 結果から考えよう

①マグネシウムは加熱前後でどのようになったと考えられるか。

→マグネシウムが<u>燃焼</u>し，酸素と結びついて酸化マグネシウムができた。

マグネシウム ＋ 酸素 ⟶ 酸化マグネシウム

$$2Mg + O_2 \longrightarrow 2MgO$$

②スチールウール(鉄)は加熱前後でどのようになったと考えられるか。

→鉄に<u>酸素</u>が結びつき，酸化鉄という物質ができた。

鉄 ＋ 酸素 ⟶ 酸化鉄

①，②より，加熱前後で物質の性質が<u>異なる</u>ことから，マグネシウムや鉄など
の金属も加熱により燃焼し，<u>別の物質</u>に変化することがわかる。

単元1

2章

❷ 酸素を失う化学変化－還元

テーマ 還元
　　　　酸化銅の還元

教科書の まとめ

□ 還元
(かんげん)

▶酸化物が酸素を失う化学変化。酸化と還元は，１つの化学変化の中で同時に起こる。

① 酸化鉄の還元

酸化鉄＋炭素 ──→ 鉄＋二酸化炭素

知識 溶鉱炉のしくみ
(ようこうろ)

製鉄所では，炭素からできているコークスを鉄鉱石(酸化鉄)に加え，溶鉱炉で加熱して還元し，鉄をとり出している。

知識 アルミニウムによる酸化鉄の還元

酸化鉄＋アルミニウム ──→ 鉄＋酸化アルミニウム

② 酸化銅の還元　　　　　　　　　　　　➡ **実験4**

酸化銅＋炭素 ──→ 銅＋二酸化炭素

教科書
p.47

実験のガイド

実験4 酸化銅の還元

❶ 酸化銅と炭の粉末をよく混ぜる。酸化銅と炭を乳鉢でよく混ぜ，試験管に入れる。⇨✖1
(にゅうばち)

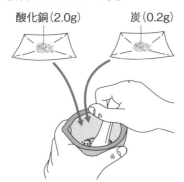

酸化銅(2.0g)　　　炭(0.2g)

❷ 図のような装置で混合物を加熱する。混合物と石灰水の変化をそれぞれ観察する。⇨✖2〜4

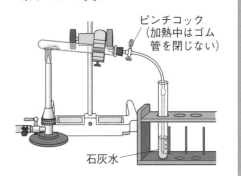

ピンチコック
(加熱中はゴム管を閉じない)

石灰水

❸ 加熱後の物質を水に入れ，底に残った物
　質の色を観察する。
　① 試験管が冷えたら，加熱後の物質を水
　　の中に入れてかき混ぜる。
　② 水面に浮いた炭の粉を流した後，底に
　　残った物質の色を見る。

✖1	注意 保護眼鏡をかける。	とってから火を消す。
✖2	注意 やけどに注意する。	✖4 コツ 加熱をやめたら，空気中の酸
✖3	注意 石灰水が逆流しないよう，ゴ	素が試験管に入るのを防ぐため，ピ
	ム管の先を石灰水の中から抜き	ンチコックでゴム管を閉じる。

🧪 実験の結果

❷ 黒色の酸化銅に炭を混ぜて加熱すると，気体が発生し，加熱した試験管に
は赤い物質ができた。
　　発生した気体は，石灰水を白くにごらせた。

❸ 加熱後の赤い物質は，こすると光った。

🧠 結果から考えよう

①混合物を加熱したときに発生した気体は，何だと考えられるか。

→石灰水が白くにごったため，発生した気体は二酸化炭素だとわかる。

②加熱後の物質を水に入れたとき，底に残った物質は何だと考えられるか。

→加熱後の赤い物質はこすると光るため，銅だと考えられる。

③酸化銅は加熱したことによって，どのようになったといえるか。

→酸化銅は炭素によって還元され，銅に変化したと考えられる。

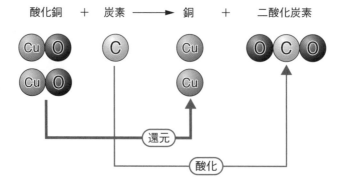

❸ 硫黄と結びつく化学変化

テーマ　鉄と硫黄の混合物の加熱

教科書の まとめ

□硫黄と結び つく化学変化	▶硫黄は，いろいろな物質と結びつく化学変化を起こす。

① 鉄と硫黄が結びつく化学変化　　　　　→ 実験5

鉄＋硫黄 ⟶ 硫化鉄（りゅうかてつ）　　$Fe + S \longrightarrow FeS$

② 銅と硫黄が結びつく化学変化

銅＋硫黄 ⟶ 硫化銅（りゅうかどう）　　$Cu + S \longrightarrow CuS$

参考
物質が硫黄と結びつく化学変化を硫化といい，硫化によってできる物質を硫化物という。硫化鉄，硫化銅，硫化銀は硫化物である。

実験のガイド

教科書 p.51

実験5　鉄と硫黄の混合物の加熱

❶ 鉄と硫黄の混合物をつくる。
鉄と硫黄を乳鉢に入れ，よくすりつぶして細かい粉末にし，2本の試験管に分けて入れる。
⇨✖1

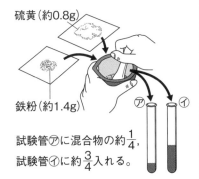

硫黄（約0.8g）

鉄粉（約1.4g）　　㋐　㋑

試験管㋐に混合物の約$\frac{1}{4}$，
試験管㋑に約$\frac{3}{4}$入れる。

❷ 混合物を加熱する。
① 試験管㋐の混合物の上部を加熱する。
② 混合物の上部が赤くなったら，試験管を炎から遠ざけ，加熱をやめる。
③ 加熱器具の火を消して，ようすを観察する。⇨✖2，3

脱脂綿（だっしめん）で口を閉じる。

❸ 加熱前後の物質の性質を比べる。

① 試験管㋐，㋑のようすや色を観察する。

② 試験管㋐，㋑に磁石を近づけてみる。⇨⚠4

③ 加熱前の混合物と加熱後の物質をペトリ皿に少量とり，点眼瓶(てんがんびん)でうすい塩酸を２～３滴(てき)加える。⇨⚠5

④ 発生する気体のにおいを調べる。⇨⚠6～9

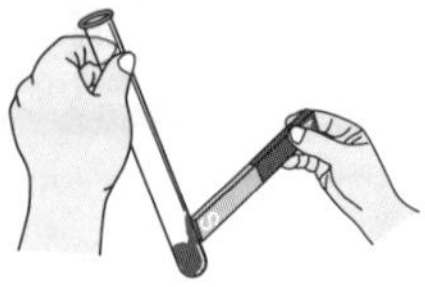

⚠1 [注意]保護眼鏡をかける。

⚠2 [注意]換気を十分に行う。

⚠3 [注意]やけどに注意する。

⚠4 [注意]試験管が冷めてから，性質を調べる。

⚠5 [コツ] 加熱後の物質の量は，ほんの少しでよい。とり出しにくいときは，太い針金などでくずす。

⚠6 [注意]このとき発生するにおいのある気体は，有毒で，大量に吸うと危険なため，吸いこまないようにする。

⚠7 [注意]においがあるかどうか確認(かくにん)したら，すぐに操作をやめる。

⚠8 [注意]気分が悪くなったときは，新鮮(しんせん)な空気が吸える場所に移動する。

⚠9 [注意]実験で使った試験管は，先生の指示に従い，決められた場所に置く。試験管の中の物質は，ごみ箱に捨ててはいけない。

実験の結果

❷ 鉄と硫黄の混合物を加熱すると，光と熱を出す激しい化学変化が起こった。いったん化学変化が始まると，加熱をやめてもそのまま化学変化が進んだ。

❸

	鉄と硫黄の混合物	加熱後の物質
磁石を近づけたとき	(鉄が)磁石に引きつけられた。	磁石に引きつけられなかった。
うすい塩酸を加えたとき	においのない気体(水素)が発生した。	においのある気体(硫化(りゅうか)水素(すいそ))が発生した。

単元1 2章

 結果から考えよう

①混合物を加熱してできた物質は加熱前の鉄や硫黄と同じ物質だと考えられるか。

→鉄と硫黄の混合物と加熱後の物質の，磁石を近づけたときのようすや，うすい塩酸を加えたときに発生した気体のにおいが異なるため，化学変化が起こって別の物質ができたと考えられる。

教科書 p.53

章末問題

①酸化とは，どのような化学変化か。

②マグネシウムとその酸化物をそれぞれ塩酸に入れた。気体が発生するのはどちらか。

③還元とは，どのような化学変化か。

④酸化銅は，炭素のかわりに水素H_2を使っても還元できる。酸化銅が，水素によって還元されて銅になる化学変化を，化学反応式で表しなさい。

 解答

①物質が酸素と結びつく化学変化

②マグネシウム

③酸化物が酸素を失う化学変化

④$CuO + H_2 \longrightarrow Cu + H_2O$

 考え方

①還元と逆の化学変化である。

②マグネシウムや亜鉛，鉄などの金属にうすい塩酸を加えると，水素が発生する。

③酸化と逆の化学変化である。

④酸化銅は還元されて銅になり，水素は酸化して水になる。

テスト対策問題

解答は巻末にあります。

時間30分

/100

1 物質の酸化について，次の問いに答えよ。 7点×5(35点)

(1) 鉄を加熱すると，何という酸化物ができるか。 (　　　　)

(2) 鉄と(1)の物質で，質量が大きいのはどちらか。 (　　　　)

(3) マグネシウムの燃焼を，化学反応式で表せ。

(　　　　　　　　　　)

(4) 有機物の燃焼で生じる物質を２つ答えよ。 (　　　　) (　　　　)

2 右の図のように，酸化銅２gと炭0.2gを混ぜたものを加熱した。次の問いに答えよ。 5点×6(30点)

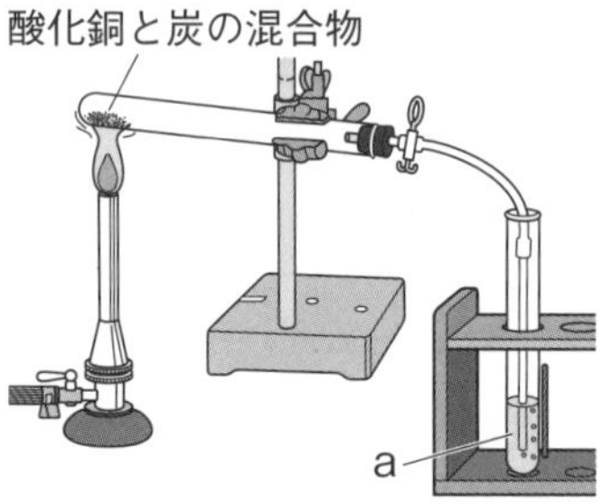

(1) この実験で発生する気体を調べるために使った液体aは何か。また，発生した気体は何か。

a(　　　　)　気体(　　　　)

(2) 酸化銅は，加熱していくうちに何色の何という物質になったか。 色(　　　　)　物質(　　　　)

(3) この実験のように，酸化物が酸素を失う化学変化を何というか。

(　　　　)

(4) この実験で起こった化学変化を，化学反応式で表せ。

(　　　　　　　　　　)

3 鉄粉1.4gと硫黄0.8gをよく混ぜたものを，右の図のようにして加熱した。次の問いに答えよ。 7点×5(35点)

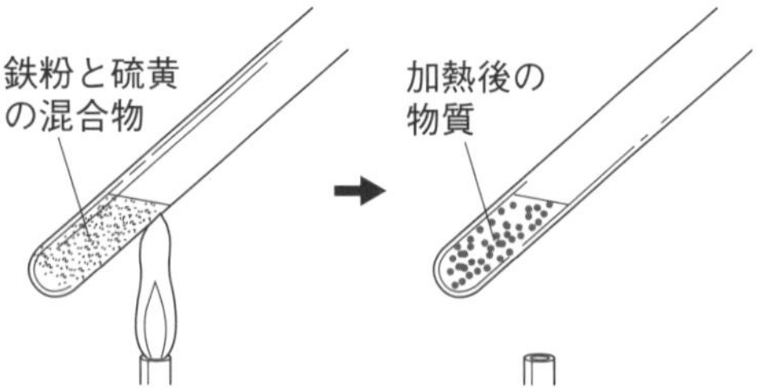

(1) ㋐加熱前の混合物と㋑加熱後の物質のうち，磁石につくのはどちらか。

(　　)

(2) ㋐と㋑のそれぞれにうすい塩酸を加えると，どのような変化が起こるか。

㋐(　　　　　　　　　　)

㋑(　　　　　　　　　　)

(3) この実験では，鉄と硫黄が結びついて何という物質ができたか。

(　　　　)

(4) この実験で起こった化学変化を，化学反応式で表せ。

(　　　　　　　　　　)

単元1 化学変化と原子・分子

3章 化学変化と熱の出入り

❶ 熱を発生する化学変化

テーマ
発熱反応
熱を発生する化学変化

教科書の まとめ

□発熱反応
(はつねつはんのう)

▶熱を発生する化学変化。

① 有機物(灯油や都市ガス・プロパンガスなど)の燃焼

有機物＋酸素──┬──→二酸化炭素＋水
　　　　　　　　熱

② 酸化カルシウムに水を加えたときの化学変化 →実験

酸化カルシウム＋水──┬──→水酸化カルシウム
　　　　　　　　　　　熱

③ 鉄の酸化 →実験6

鉄＋酸素──┬──→酸化鉄
　　　　　　熱

参考

酸化カルシウムに水を加えたときに発生する熱は，加熱式弁当に利用されている。

参考

鉄の酸化で発生する熱は，市販(しはん)のインスタントかいろに利用されている。

教科書
p.54

実験のガイド

┌─ 酸化カルシウムに水を加える実験 ─

❶ 酸化カルシウムに水を加える。

❷ 温度の変化を調べる。

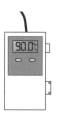

📖 実験のまとめ

酸化カルシウム(生石灰)に水を加えると，熱の発生をともなう化学変化が起こる。熱が発生する化学変化は，燃焼だけではない。

実験のガイド

実験6 熱を発生する化学変化

❶ かいろの成分を混ぜる。

① 蒸発皿に鉄粉と活性炭を入れて，よくかき混ぜ，そのときの温度を記録する。

② ①に食塩水を加えて混ぜる。⇨✖1

❷ 温度変化を記録する。

30秒ごとに温度をはかり，5〜10分間記録する。⇨✖2

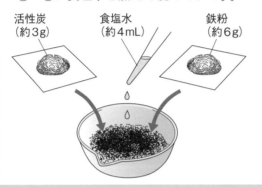

活性炭（約3g）　食塩水（約4mL）　鉄粉（約6g）

✖1 注意 保護眼鏡をかける。
✖2 注意 熱くなるので，やけどに注意する。

🧪 実験の結果

❶ 鉄粉と活性炭を混ぜたものに食塩水を加えると，温度が上昇して湯気が出た。

❷ 30秒ごとの温度を5分間記録し，測定結果を右の図のようにグラフで表した。

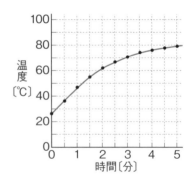

温度〔℃〕

時間〔分〕

🧠 結果から考えよう

①かいろの成分を混ぜると，何が起こったと考えられるか。

→かいろの成分を混ぜると，鉄粉が空気中の酸素と反応して酸化鉄になったと考えられる。

②かいろの成分を混ぜたことにより，熱が発生したといえるか。

→鉄粉が酸素と反応して酸化鉄になるときに，温度が上昇したことから，熱が発生したと考えられる。

❷ 熱を吸収する化学変化

テーマ 吸熱反応　　熱を吸収する化学変化
反応熱

教科書の まとめ

□**吸収反応**
（きゅうねつはんのう）

▶熱を吸収する化学変化。

① 炭酸水素ナトリウムを混ぜた水にレモン汁（じる）を加える。
　二酸化炭素が発生し，温度が下がる。　　　**→ やってみよう**

② 塩化アンモニウムと水酸化バリウムに水を加える。
　水酸化バリウム＋塩化アンモニウム　　　**→ 実験7**

$$\xrightarrow[\text{熱}]{} \text{塩化バリウム＋アンモニア＋水}$$

> **参考**
> 市販の瞬間冷却（しゅんかんれいきゃく）パックは，硝酸（しょうさん）アンモニウムが水に溶けたとき，熱を吸熱する反応を利用している。

□**反応熱**
（はんのうのねつ）

▶化学変化にともない出（で）入（い）りする熱。

教科書 p.57 実験のガイド

炭酸水素ナトリウムを混ぜた水にレモン汁を加える実験

❶ 炭酸水素ナトリウムを混ぜた水の温度をはかった後，レモン汁を加える。

❷ 温度の変化や液体のようすを調べる。

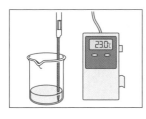
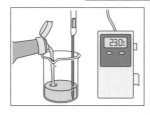
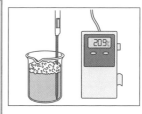

🔺 実験のまとめ

炭酸水素ナトリウムとレモン汁に含まれるクエン酸が化学変化を起こし，二酸化炭素が発生して熱が吸収され，温度が下がる。

実験のガイド

教科書 p.57

実験7 熱を吸収する化学変化

❶ アンモニアを発生させる。

試験管に塩化アンモニウムと水酸化バリウムを順に入れる。そこに，水を加える。⇨✖1, 2

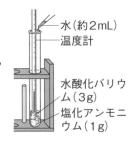

水（約2mL）
温度計
水酸化バリウム（3g）
塩化アンモニウム（1g）

❷ 温度変化を観察する。

フェノールフタレイン液をしみこませた脱脂綿で素早くふたをし，温度変化を観察する。

脱脂綿

✖1 注意 換気をよくし，保護眼鏡をかける。
✖2 注意 水酸化バリウムが目に入ったり，手や衣類などについたりしないように注意する。ついてしまったら，すぐに多量の水で洗い流す。

実験の結果

❶ 塩化アンモニウムと水酸化バリウムに水を加えると，特有のにおいがして，温度が下がった。

❷ フェノールフタレイン液をしみこませた脱脂綿は赤くなった。

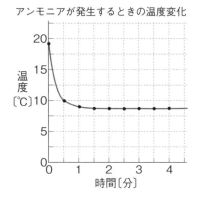

アンモニアが発生するときの温度変化

温度〔℃〕

時間〔分〕

結果から考えよう

①塩化アンモニウムと水酸化バリウムと水を混ぜたとき，何が起こったと考えられるか。

→特有のにおいがしてフェノールフタレイン液が<u>赤</u>くなったことから，<u>アンモニア</u>が発生したことがわかる。

②塩化アンモニウムと水酸化バリウムと水を混ぜたとき，熱を吸収したといえるか。

→アンモニアが発生するときに温度が<u>下がった</u>ことから，周囲の熱を<u>吸収した</u>と考えられる。

単元1 3章

章末問題

①熱を発生する化学変化の例をあげなさい。
②熱を吸収する化学変化の例をあげなさい。

 解答

①（例）メタンやプロパンの燃焼，酸化カルシウムと水から水酸化カルシウムができる化学変化，鉄の酸化，鉄と硫黄が結びつく化学変化

②（例）塩化アンモニウムと水酸化バリウムでアンモニアが発生する化学変化，炭酸水素ナトリウムにクエン酸を加えて二酸化炭素が発生する化学変化

 考え方

①加熱式弁当は，酸化カルシウムと水の反応を利用したもの，インスタントかいろは，鉄の酸化を利用したものである。
②瞬間冷却パック（硝酸アンモニウムが水に溶けるときに熱を吸収する）は，化学変化ではなく，物質が溶けるときの熱（溶解熱）を利用したものである。

単元1 化学変化と原子・分子

4章 化学変化と物質の質量

❶ 質量保存の法則

テーマ
質量保存の法則
気体が発生する化学変化の場合　　気体が発生しない化学変化の場合

教科書の まとめ

□質量保存の法則

▶化学変化の前後で全体の質量は変化しない。

① 気体が発生する化学変化の場合　　→ **実験8**

発生した気体が空気中に逃げるので，化学変化の前後で全体の質量は減るが，密閉した容器の中で化学変化を起こすと，質量保存の法則が成り立つことがわかる。

例 炭酸水素ナトリウム＋塩酸

　　──▶塩化ナトリウム＋二酸化炭素＋水

　　$NaHCO_3 + HCl \longrightarrow NaCl + CO_2 + H_2O$

例 炭＋酸素──▶二酸化炭素　$C + O_2 \longrightarrow CO_2$

② 気体が発生しない化学変化の場合　　→ **実験8**

質量保存の法則が成り立つ。

例 炭酸ナトリウム＋塩化カルシウム

　　──▶塩化ナトリウム＋炭酸カルシウム

　　$Na_2CO_3 + CaCl_2 \longrightarrow 2NaCl + CaCO_3$

③ 酸素と結びつく化学変化の場合

化学変化の前後で全体の質量は増えるが，密閉した容器の中で化学変化を起こすと，質量保存の法則が成り立つことがわかる。

例 鉄＋酸素──▶酸化鉄

知識
質量保存の法則は，化学変化だけでなく，状態変化や溶解など，物質に起こる全ての変化について成り立つ。

教科書
p.62

実験のガイド

実験8 化学変化の前後の質量

A 気体が発生する化学変化の場合⇨✖1

❶ 化学変化前の質量をはかる。⇨✖2

うすい塩酸　炭酸水素ナトリウム（約1.0g）

❷ 化学変化を起こす。容器を傾けて，二酸化炭素を発生させる。

❸ 化学変化後の質量をはかる。

❹ ふたを開けた後の質量をはかる。

B 気体が発生しない化学変化の場合⇨✖1

❶ 化学変化前の質量をはかる。

炭酸ナトリウム水溶液　塩化カルシウム水溶液

❷ 水溶液を混ぜて，化学変化後の質量をはかる。

✖1 注意 保護眼鏡をかける。
✖2 注意 炭酸水素ナトリウムを指定された量より多く入れてはいけない。

実験の結果

A 化学変化の前後で質量は変わらなかったが，ふたを開けると質量が減った。

B 化学変化の前後で質量は変わらなかった。

結果から考えよう

①化学変化の前後で質量に変化はあったといえるか。

→ A，B ともに，化学変化の前後で質量が変わらなかったことから，化学変化の前後で全体の質量は変化しないと考えられる。

②Aで，ふたを開けると質量はどのようになったか。また，それはなぜか。

→Aの実験でふたを開けると質量が減った。それは，容器の中の二酸化炭素が外に出て行ったためだと考えられる。

❷ 反応する物質の質量の割合

テーマ
反応する物質の質量の割合
銅：酸素＝4：1

教科書の まとめ

| □反応する物質の質量の割合 | ▶2つの物質が反応するときには，その質量の比は，物質の組み合わせによって一定である。

① 銅と反応する酸素の質量の比 　→ **実験9**
　銅＋酸素 ⟶ 酸化銅　　$2Cu + O_2 ⟶ 2CuO$

　→ **やってみよう**

　銅：酸素＝4：1　　銅：酸化銅＝4：<u>5</u>
② マグネシウムと反応する酸素の質量の比
　マグネシウム＋酸素 ⟶ 酸化マグネシウム
　$2Mg + O_2 ⟶ 2MgO$
　マグネシウム：酸素＝3：2
　マグネシウム：酸化マグネシウム＝3：<u>5</u> |

教科書 p.65

やってみよう

生成する酸化銅の質量を調べてみよう

❶ 銅粉の質量を電子てんびんではかる。
⇨✖1

❷ 5分間加熱する。加熱後，ステンレス皿が冷めるまで待つ。
⇨✖2, 3

❸ 加熱後の物質の質量を電子てんびんではかる。

❹ ❷と❸の操作を繰り返す。

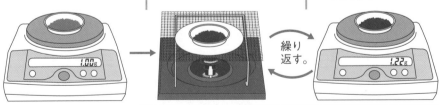

✖1 注意保護眼鏡をかける。
✖2 注意換気を行う。

✖3 注意やけどに注意する。

単元1

4章

🧪 **やってみようの結果**

実験結果をグラフにすると，右の図のようにな
る。はじめは加熱の回数とともに加熱後の物質
の質量は<u>増えていく</u>が，やがて加熱を繰り返し
ても<u>変化しなくなる</u>。

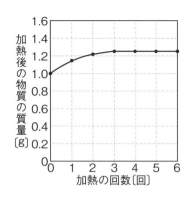

🗻 **やってみようのまとめ**

一定量の銅と反応する酸素の質量には，<u>限界</u>が
ある。

教科書
p.67

実験のガイド

実験9　銅を加熱したときの質量の変化

❶　銅粉の質量をはかる。⇨✖1
ステンレス皿の質量をはかった後，銅粉の質量
をはかる。銅粉の質量は班ごとに変える。

❷　銅粉を加熱する。
銅粉を皿に広げ，全体の色が変化
するまでよく加熱する。⇨✖2

三角架（さんかくか）

❸　火を消して冷ます。
ステンレス皿が冷めるまで待つ。

❹　質量をはかる。
ステンレス皿が冷めたら，質量をは
かる。❷〜❹の操作を繰り返し，質
量の変化がなくなったら，❺に進む。
質量の変化があれば❷へ
質量の変化がなければ❺へ

❺　酸化銅の質量を求める。
❹の質量からステンレス皿の質量
を引いて，生成した酸化銅の質量
を求める。⇨✖3

✖1　注意保護眼鏡をかける。
✖2　注意やけどに注意する。

✖3　コツ できるだけ正確に測定するため，粉を
こぼしたりしないように注意する。てんびん
にのせるときは冷めていることを確認する。

🧪 実験の結果

結果の例：

銅の質量〔g〕	0.20	0.40	0.60	0.80	1.00
生成した酸化銅の質量〔g〕	0.25	0.50	0.74	0.99	1.24
反応した酸素の質量〔g〕	0.05	0.10	0.14	0.19	0.24

銅の質量と生成した酸化銅の質量の関係をグラフに表すと，右の図のようになる。

→グラフが原点を通る直線になっているので，銅の質量(横軸)と酸化銅の質量(縦軸)の間には比例の関係がある。したがって，銅の質量が2倍や3倍になると，酸化銅の質量も2倍や3倍になる。

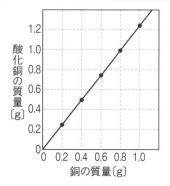

銅の質量と反応した酸素の質量の関係をグラフに表すと，右の図のようになる。

→グラフが原点を通る直線になっているので，銅の質量(横軸)と反応する酸素の質量(縦軸)の間には比例の関係がある。

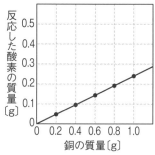

銅が0.40gのときの酸素の質量を読みとると，0.10gなので，銅と反応する酸素の質量の比は0.40：0.10で，4：1になる。銅が他の質量のときも，銅：酸素は4：1になる。

🧠 結果から考えよう

①銅の質量と，生成した酸化銅の質量には，どのような関係があると考えられるか。

→生成した酸化銅の質量は銅の質量に比例すると考えられる。

②銅の質量と，反応した酸素の質量には，どのような関係があると考えられるか。

→反応する酸素の質量は銅の質量に比例すると考えられる。

→銅と反応する酸素の質量は決まっていて，銅と反応する酸素の質量の比は4：1になると考えられる。

実験のガイド

マグネシウムの加熱の実験

マグネシウムについても，教科書p.67の実験9と同様の実験を行い，マグネシウムの質量と反応した酸素の質量の関係をグラフに表すと，右の図のようになる。

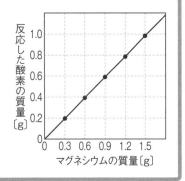

実験のまとめ

グラフより，マグネシウムの質量と反応する酸素の質量の比は約3：<u>2</u>になるとわかる。

章末問題

①質量保存の法則とは，どのような法則か。

②一定量の銅を加熱し続けても，質量が増加し続けないのはなぜか。

③銅と酸素は質量の比が約4：1で反応する。4 gの酸化銅をつくるには，何gの銅が必要になると考えられるか。

解答 ①化学変化の前後で全体の質量が変化しない，という法則。

②一定量の銅と反応する酸素の質量は決まっているので，銅が全て反応して酸化銅になるとそれ以上は反応しないため。

③3.2g

 ③銅と酸素は質量の比が4：1で反応するので，銅の質量と，銅が全て酸素と反応したときにできる酸化銅の質量の比は，4：（4＋1）＝4：5である。よって，4 gの酸化銅をつくるのに必要な銅の質量をxgとすると，

x：4 ＝ 4：5 　　x＝3.2g

テスト対策問題

解答は巻末にあります。

時間30分

/100

1 右の図は，インスタントかいろの中の鉄粉をとり出し，温度変化を調べているようすを示したものである。 8点×2(16点)

温度計

鉄粉

(1) このときの温度変化はどのようになるか。次のア〜ウから選べ。 （　　）

ア 上がる。　　イ 下がる。　　ウ 変わらない。

(2) (1)のような温度変化をともなう化学変化を何というか。 （　　　　　　）

2 右の図のように，炭酸水素ナトリウムとうすい塩酸を混ぜて，化学変化の前後の質量の変化を調べた。次の問いに答えよ。 9点×4(36点)

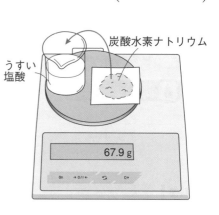

炭酸水素ナトリウム

うすい塩酸

67.9 g

(1) 反応後，全体の質量はどのようになったか。 （　　　　　　）

(2) (1)の結果になったのはなぜか。簡単に説明せよ。

（　　　　　　　　　　　　）

(3) この実験を密閉した容器の中で行うと，化学変化の前後で質量は変化するか。

（　　　　　　）

(4) 化学変化の前後で，全体の質量が変化しないことを何の法則というか。

（　　　　　　　　　）

3 いろいろな質量の銅粉を空気中で十分に加熱して酸化銅をつくった。右の図は，その結果をグラフに表したものである。次の問いに答えよ。 8点×6(48点)

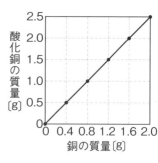

酸化銅の質量〔g〕

銅の質量〔g〕

(1) 銅の質量と生成した酸化銅の質量にはどのような関係があるか。 （　　　　　　）

(2) 銅1.2 gを空気中で十分に加熱すると，何gの酸化銅ができるか。 （　　　　　　）

(3) 銅1.2 gと反応した酸素の質量は何gか。 （　　　　　　）

(4) 銅の質量と反応する酸素の質量にはどのような関係があるか。 （　　　　　　）

(5) 銅の質量と反応する酸素の質量の比を答えよ。 銅：酸素＝（　　　　）

(6) この実験での，銅と酸素の反応を，化学反応式で表せ。

（　　　　　　　　　　　　）

単元1 化学変化と原子・分子

探究活動 二酸化炭素の酸素を奪え

二酸化炭素の酸素を奪え

テーマ 二酸化炭素中でのマグネシウムの燃え方

教科書の まとめ

□マグネシウムと二酸化炭素の反応
▶マグネシウムを二酸化炭素中で燃やすと，二酸化炭素は<u>還元</u>され，マグネシウムは<u>酸化</u>される。　→ 実験をしよう

マグネシウム＋二酸化炭素 ⟶ 酸化マグネシウム＋炭素

$$2Mg + CO_2 \longrightarrow 2MgO + C$$

参考
ろうそくの成分である物質には，マグネシウムのように二酸化炭素から酸素を奪（うば）う性質はない。したがって，二酸化炭素中ではろうそくは燃えない。

教科書 p.73

実験をしよう

二酸化炭素中でのマグネシウムの燃え方を調べてみよう

❶ 二酸化炭素を集気瓶に入れ，ふたをする。

❷ マグネシウムリボンに火をつけ，集気瓶の中に入れ，燃えるようすを観察する。⇨✖1，2

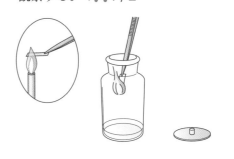

✖1 注意 やけどに注意する。
✖2 注意 激しい光が出るので，見つめないようにする。

🧪 実験の結果

マグネシウムリボンに空気中で火をつけ，二酸化炭素を満たした集気瓶に入れると，マグネシウムは二酸化炭素中で燃焼した。燃焼後に，集気瓶の底に白い灰のようなものと黒い粉末が残った。白い灰のようなものはマグネシウムが燃焼してできた<u>酸化マグネシウム</u>である。黒い粉末は<u>炭素</u>である。

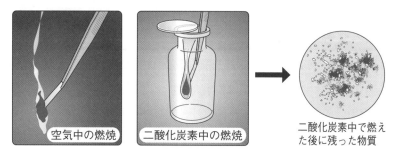

空気中の燃焼 　二酸化炭素中の燃焼 　二酸化炭素中で燃えた後に残った物質

⛰ 実験のまとめ

①マグネシウムと二酸化炭素はどのように変化したと考えられるか。

→マグネシウム原子が，二酸化炭素の分子から<u>酸素原子</u>を奪って，酸化マグネシウムに変化した。二酸化炭素の分子は，マグネシウム原子に<u>酸素原子</u>を奪われて，炭素原子に変化した。

②加熱前後の物質を化学式で表すとどのようになるか。

→（加熱前）$2Mg + CO_2$ 　　　　（加熱後）<u>$2MgO$</u> + <u>C</u>

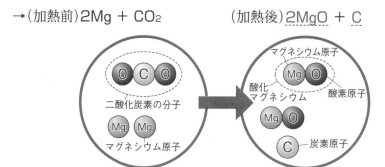

（参考）　二酸化炭素は還元され，マグネシウムは酸化されている。このように，酸化と還元は，1つの化学変化の中で同時に起こる。

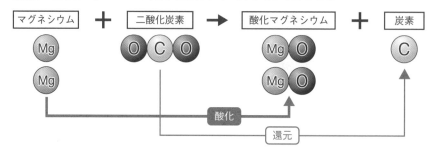

単元末問題

1 炭酸水素ナトリウムの熱分解

炭酸水素ナトリウムを加熱する実験を，図のような方法で行った。次の問いに答えなさい。

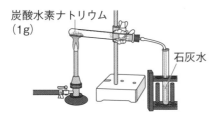

炭酸水素ナトリウム（1g）

石灰水

①加熱する試験管の口は，少し下向きにして実験を行った。それはなぜか。

②火を消す前に，石灰水の入った試験管からゴム管を抜きとった。それはなぜか。

③気体を石灰水に通したときの石灰水の変化のようすを答えなさい。

④③より，この実験で発生した気体は何か。

⑤加熱した試験管の口についた液体は何か。

⑥⑤の液体を確認するには何を使えばよいか。

⑦試験管に残った白い粉の水溶液は何性か。

⑧同じように酸化銀を加熱したら，白っぽい固体と気体が発生した。この2つの物質はそれぞれ何か。

解答

①加熱によって生じた液体が加熱部分に流れこみ，試験管が割れるのを防ぐため。

②石灰水が逆流して，試験管の中に入らないようにするため。

③石灰水が白くにごる。

④二酸化炭素

⑤水

⑥（青色の）塩化コバルト紙

⑦アルカリ性

⑧固体：銀

　気体：酸素

考え方 ①⑤⑥炭酸水素ナトリウムを加熱すると水が生じる。この水が加熱部分に流れこむと，ガラスでできた試験管が急に冷やされるため，部分的に収縮してひずみができ，割れてしまうことがある。また，水に青色の塩化コバルト紙をつけると赤色に変化する。

②火を消すと，試験管内部が冷え，水蒸気が水滴に変わって急激に試験管内の気圧（あつ）が下がる。このとき，ガラス管を石灰水の中に入れたままだと，水が試験管内に逆流してしまう。

③④炭酸水素ナトリウムを加熱すると，二酸化炭素が発生する。二酸化炭素を石灰水に通すと，石灰水が白くにごる。

⑦炭酸水素ナトリウムを加熱したときに残った白い固体は炭酸ナトリウムである。炭酸ナトリウムは水に溶けやすく，その水溶液は強いアルカリ性を示す。

⑧酸化銀を加熱すると，炭酸水素ナトリウムと同じように熱分解が起こり，固体の銀と気体の酸素が発生する。

2 電気による水の分解

図のような装置で電気による水の分解を行った。次の問いに答えなさい。

陰極　陽極

①陰極に集まった気体に、マッチの炎を近づけたら、爆発して燃えた。この気体は何か。
②陽極に集まった気体は何か。
③②の気体を確認するにはどのようにしたらよいか。
④電気による水の分解を化学反応式で表しなさい。

解答
①水素
②酸素
③火のついた線香を入れ、燃え方を調べる。
④$2H_2O \longrightarrow 2H_2 + O_2$

考え方 ①②④水に電流を流すと、水素と酸素に分解される。
③酸素は他の物質を燃やすはたらき（助燃性）があるので、火のついた線香を酸素の中に入れると、線香が炎を上げて激しく燃える。

3 化学式

次のア〜カの物質について、問いに答えなさい。
ア O_2　イ CO_2　ウ NH_3
エ Ag　オ Cu　カ $NaCl$
①単体と化合物に分けなさい。

②①の化合物について、含まれている原子の種類とその数の最も簡単な比を、例にならって答えなさい。
例 H_2O　水素：酸素＝2：1

解答
①単体：ア、エ、オ
　化合物：イ、ウ、カ
②CO_2　炭素：酸素＝1：2
　NH_3　窒素：水素＝1：3
　$NaCl$　ナトリウム：塩素＝1：1

考え方 ①ア：O_2は酸素、イ：CO_2は二酸化炭素、ウ：NH_3はアンモニア、エ：Agは銀、オ：Cuは銅、カ：$NaCl$は塩化ナトリウムである。
②Cは炭素原子、Oは酸素原子、Nは窒素原子、Hは水素原子、Naはナトリウム原子、Clは塩素原子である。

4 化学反応式のつくり方

次のア、イの化学変化について、問いに答えなさい。
ア　水が水素と酸素に分解する。
イ　酸化銀が銀と酸素に分解する。
①水素原子を●、酸素原子を◎、銀原子を○としたとき、ア、イの化学変化をモデルで表しなさい。
②ア、イで起こる化学変化を化学反応式で表しなさい。

解答
①ア：●◎● ●◎●
　　→●● ●● ＋ ◎◎
（左辺の●◎●は、のように表してもよい。）

イ：○○○　　○○○

→ ○ ○ ○ ○ ＋ ◎◎

②ア：$2H_2O \longrightarrow 2H_2 + O_2$

イ：$2Ag_2O \longrightarrow 4Ag + O_2$

考え方 ①②はじめに各物質をモデルで表す。次に各原子の数が合うように物質単位で増減させる。左辺と右辺の原子の種類と数が一致（いっち）すれば完成となる。

5 金属の燃焼

スチールウールを空気中で加熱すると，別の物質に変化した。この化学変化について，次の問いに答えなさい。

①加熱前のスチールウールの質量と加熱後の物質の質量を比べると，どちらが大きいか。また，それはなぜか。

②スチールウールの加熱によって得られた物質は何か。物質名を答えなさい。

③スチールウールに起こった化学変化を，物質名を使った式で表しなさい。

④加熱前のスチールウールと，加熱後の物質を塩酸の入った試験管にそれぞれ入れた。気体が多く発生したのは，どちらを入れた方か。また，このとき発生した気体は何か。

⑤スチールウールと同様に，マグネシウムを空気中で加熱すると，別の物質に変化した。このときに起こった化学変化を，化学反応式で表しなさい。

解答 ①加熱後の物質の質量の方が，加熱前に比べて大きい。スチールウールに空気中の酸素が結びついたため。

②酸化鉄

③鉄＋酸素 → 酸化鉄

④スチールウール，水素

⑤$2Mg + O_2 \longrightarrow 2MgO$

考え方 ①スチールウール（鉄）などの金属を加熱すると，金属が空気中の酸素と結びつく（酸化）するので，結びついた酸素の質量の分だけ全体の質量が増加する。

④酸化鉄は塩酸と反応しないが，スチールウール（鉄）は塩酸と反応して水素が発生する。

⑤スチールウールと同様に，マグネシウムも空気中の酸素と結びついて（酸化），酸化マグネシウムになる。

6 酸化銅の還元

図のような装置で，酸化銅と炭の混合物を加熱したら，試験管Aの物質の色が変化した。次の問いに答えなさい。

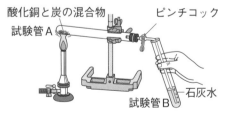

酸化銅と炭の混合物　ピンチコック
試験管A
石灰水
試験管B

①加熱をはじめてしばらくすると，試験管Bの石灰水はどのように変化したか。

②試験管Aの混合物の色は，加熱後どのように変化したか。

③この実験で酸化された物質は何か。物質名と化学式で答えなさい。

④この実験で還元された物質は何か。物質名と化学式で答えなさい。

⑤酸化銅と炭(炭素)の混合物を加熱したときの化学変化を化学反応式で表しなさい。

 解答
①白くにごった。
②黒色から赤(茶)色に変化した。
③炭，C
④酸化銅，CuO
⑤$2CuO + C \longrightarrow 2Cu + CO_2$

考え方 ①発生した二酸化炭素を石灰水に通すと，石灰水が白くにごる。
②酸化銅は黒色であるが，黒色の炭素と混ぜて加熱すると，炭(炭素)によって酸素を奪われて赤い物質となる。この赤い物質は銅である。
③④酸化銅が炭(炭素)によって還元されて銅になるのと同時に，炭(炭素)は酸化銅に含まれる酸素原子によって酸化される。
⑤各物質を化学式で表すと，酸化銅はCuO，炭(炭素)はC，銅はCu，二酸化炭素はCO_2となる。

---

7 鉄と硫黄が結びつく化学変化

図のような方法で鉄と硫黄の混合物を加熱する実験を行った。次の問いに答えなさい。

①化学変化が始まったところで，加熱をやめた。化学変化はその後どうなるか。

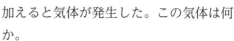
鉄と硫黄の混合物

②加熱前の混合物にうすい塩酸を加えると気体が発生した。この気体は何か。

③加熱後の物質にうすい塩酸を加えると気体が発生した。この気体は何か。

④鉄と硫黄の混合物を加熱したときに起こった化学変化を化学反応式で表しなさい。

 解答
①加熱をやめても，そのまま化学変化が進む。
②水素
③硫化水素
④$Fe + S \longrightarrow FeS$

考え方 ①鉄と硫黄が結びつく化学変化は発熱反応である。したがって，加熱をやめても，反応によって発生した熱により化学変化は進む。
②加熱前の混合物の中の鉄と塩酸が反応して，水素が発生する。
③加熱後の物質は，鉄と硫黄が結びついてできた硫化鉄である。硫化鉄にうすい塩酸を加えると，特有のにおいのある硫化水素が発生する。
④鉄と硫黄の混合物を加熱すると，鉄原子と硫黄原子が1：1の個数の比で結びつく。

単元1

8 化学変化と熱の出入り

図のような方法で，塩化アンモニウムと水酸化バリウムの混合物に水を加え，気体を発生させたときの温度変化を調べる実験を行った。次の問いに答えなさい。

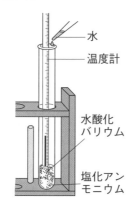

- 水
- 温度計
- 水酸化バリウム
- 塩化アンモニウム

①この実験で，水を加えたときに発生した気体は何か。物質名と化学式で答えなさい。

②この実験の化学変化の前後で，温度はどのように変化するか。

③②のような温度変化をともなう化学変化を何というか。

解答
①アンモニア，NH_3
②下がる。
③吸熱反応

考え方 ①塩化アンモニウムと水酸化バリウムと水の反応では，アンモニアが発生する。アンモニア分子は，窒素原子1個と水素原子3個が結びついている（NH_3）。また，においをかぐときは，アンモニアを多く吸いすぎないように，手であおぐようにしてかぐ。

②③塩化アンモニウムと水酸化バリウムと水の反応は，まわりから熱を吸収する吸熱反応である。したがって，熱を奪われた部分は温度が下がっていく。

9 質量保存の法則

図のような密閉された容器を使い，炭酸水素ナトリウムにうすい塩酸を加えて化学変化を起こした。次の問いに答えなさい。

- プラスチック製の密閉容器
- うすい塩酸
- 炭酸水素ナトリウム（約1.0g）

①容器を傾けて，炭酸水素ナトリウムとうすい塩酸の化学変化を起こした。A，Bにあてはまる物質名を答えなさい。ただし，Aは液体である。

炭酸水素ナトリウム＋塩酸
$\longrightarrow$ 二酸化炭素＋（　A　）＋（　B　）

②①の化学変化を化学反応式で表しなさい。

③容器を含めた全体の質量は，化学変化の前後でどのようになるか。

④実験の後，容器のふたを緩めると「シュー」と音がした。このとき，容器を含めた全体の質量はどのようになるか。また，それはなぜか。

⑤容器のふたを開けたまま，同じように実験した場合，化学変化の前後で容器を含めた全体の質量はどのようになるか。

解答
①A：水　B：塩化ナトリウム
②$NaHCO_3 + HCl$
$\longrightarrow CO_2 + H_2O + NaCl$
③化学変化の前後で全体の質量は変わらない。
④小さくなる。
容器の中の気体が容器の外へ出ていったため。

⑤化学変化後の質量が小さくなる。

考え方 ①炭酸水素ナトリウムとうすい塩酸を反応させると、二酸化炭素と水と塩化ナトリウムができる。Aは液体なので水である。よって、Bは塩化ナトリウムである。

②各物質を化学式で表すと、炭酸水素ナトリウムは$NaHCO_3$、塩酸(塩化水素)はHCl、二酸化炭素はCO_2、水はH_2O、塩化ナトリウムは$NaCl$となり、化学反応式の係数は全て1である。

③質量保存の法則により、化学変化の前後で全体の質量は変化しない。

④ふたを緩めたときに出た「シュー」という音は、容器の中の気体が外へ出ていくときの音である。よって、空気中へ出ていった気体の分だけ質量が小さくなる。

⑤容器のふたが開いていると、化学変化で発生した二酸化炭素が、空気中へ出ていってしまうため、化学変化後の質量が化学変化前の質量より小さくなる。

読解力問題

1 銅を加熱したときの化学変化

解答 ①0.05、0.10、0.14、0.19、0.24

②$2Cu + O_2 \longrightarrow 2CuO$

③4：1

④ア：二酸化炭素

　イ：銅

⑤$2CuO + C \longrightarrow 2Cu + CO_2$

考え方 ①銅と酸素が結びついて酸化銅になるから、表1より、酸素〔g〕＝酸化銅〔g〕－銅〔g〕 で求めることができる。表1の左の空欄(くうらん)から順に、$0.25-0.20=\underline{0.05}$、$0.50-0.40=\underline{0.10}$、$0.74-0.60=\underline{0.14}$、$0.99-0.80=\underline{0.19}$、$1.24-1.00=\underline{0.24}$ となる。

②銅(Cu)と酸素(O_2)が結びついて、酸化銅(CuO)になる。

③①で求めた数値より、銅の質量が0.40gのとき、反応した酸素の質量は0.10gだから、加熱した銅の質量：反応した酸素の質量＝0.40：0.10＝4：1

他の数値を使っても、最も簡単な整数比は、全て4：1になる。

④酸化銅(CuO)を炭素(C)で還元すると、酸化銅は酸素原子が奪われて赤色の銅(Cu)になり、酸素を奪った炭素は酸化されて、石灰水を白くにごらせる二酸化炭素(CO_2)となる。

単元
1

⑤化学変化を物質名で表すと，酸化銅＋炭素 ─→ 銅＋二酸化炭素

化学式で表すと，$CuO + C \longrightarrow Cu + CO_2$　　　…（左側のOが少ない）

左側にCuOを加えて，$2CuO + C \longrightarrow Cu + CO_2$　…（右側のCuが少ない）

右側にCuを加えて，$2CuO + C \longrightarrow 2Cu + CO_2$

❷　マグネシウムを加熱したときの化学変化

解答
①右図

②ア：3

　イ：5

　ウ：1.05

　エ：0.15

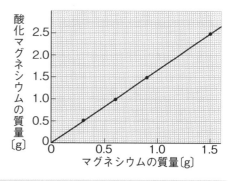

考え方　①表2の値より，(0.30，0.50)，(0.60，0.99)，(0.90，1.48)，(1.50，2.48)に点を打ち，各点の近くを通る直線を引くと，原点を通る直線となる。よって，酸化マグネシウムの質量は，マグネシウムの質量に比例するとわかる。

②①でかいたグラフより，マグネシウム1.2gを加熱したとき，生成した酸化マグネシウムは2.0gになっていることがわかる。よって，マグネシウムの質量と，生成した酸化マグネシウムの質量の比は，

　（ア）：（イ）＝1.2：2.0＝3：5

③加熱後の物質の質量，つまり，酸化マグネシウムの質量が1.75gになるために必要なマグネシウムの質量（ウ）gは，②で求めた比より，

　（ウ）：1.75＝3：5　より，（ウ）＝1.05

よって，こぼしたマグネシウムの質量（エ）gは，

　1.20－（エ）＝1.05 g　より，（エ）＝0.15

単元2 生物の体のつくりとはたらき

1章 生物をつくる細胞

❶ 生物の体をつくっているもの

テーマ 生物の顕微鏡観察　　顕微鏡の使い方　　顕微鏡観察の記録のとり方
細胞　　植物の細胞と動物の細胞のつくり　　細胞の呼吸

教科書の まとめ

□細胞
▶生物を形づくる小さな構造。生物の基本的な単位。イギリスの科学者フックが名付けた。

□植物の細胞と動物の細胞のつくり
▶植物の細胞と動物の細胞ではつくりがちがう。　→ 観察1
　→ 基本操作

① 植物の細胞と動物の細胞の共通のつくり…核，細胞膜
② 植物の細胞にだけあるつくり…液胞，細胞壁，葉緑体

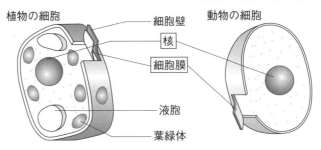

植物の細胞　　細胞壁　　核　　細胞膜　　動物の細胞　　液胞　　葉緑体

□細胞膜
▶細胞質の一番外側にあるうすい膜。

□核
▶細胞にある，酢酸カーミン液などの染色液に染まりやすい部分。ふつう1つの細胞に1つある。

□細胞質
▶細胞にある，核以外の細胞膜を含んだ部分。

□細胞壁
▶植物の細胞で，細胞膜の外側にある丈夫なつくり。植物の体を支えるのに役立っている。

□葉緑体
▶植物の細胞の中にある緑色の小さな粒。

□液胞
▶植物の細胞にある，不要な物質や貯蔵物質を含む液を蓄えた部分。

□細胞の呼吸
▶細胞で行われる，酸素と養分をとり入れて，生きるためのエネルギーをとり出し，二酸化炭素を放出するはたらき。

参考
植物や動物の細胞の呼吸を内呼吸という。内呼吸に対して，動物が肺やえら，皮ふで行う呼吸を外呼吸とよぶ。

観察のガイド

観察1　生物の顕微鏡観察

A　植物のつくり

❶　タマネギとオオカナダモを準備する。

①　タマネギのりん茎(食べる部分)の一片の内側に，カッターナイフで約5mm四方の切れ目をつけて，表皮を2枚剥がす。スライドガラスに1枚ずつのせる。⇨✖1

②　オオカナダモの葉を2枚切りとり，スライドガラスに1枚ずつのせる。

③　①，②の一方に，水を1滴落としてカバーガラスをかぶせる。もう一方には，染色液を1滴落として約3分間おき，カバーガラスをかぶせる。

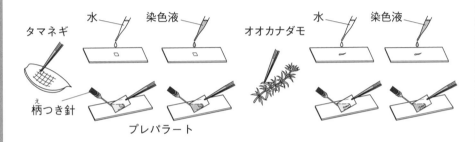

タマネギ　水　染色液　　オオカナダモ　水　染色液

柄つき針　　　　プレパラート

❷　顕微鏡で観察する。

❶のプレパラートを顕微鏡でそれぞれ観察する。

B　動物のつくり

❶　ヒトの頬の内側の粘膜を準備する。

①　頬の内側を綿棒でこすりとり，スライドガラス2枚にそれぞれこすりつける。⇨✖2

②　片方には水を1滴落としてカバーガラスをかぶせる。もう一方には，染色液を1滴落として約1分間おき，カバーガラスをかぶせる。

❷　顕微鏡で観察する。

❶のプレパラートを顕微鏡でそれぞれ観察する。

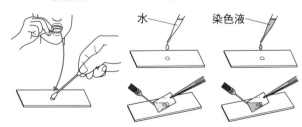

水　　染色液

❌1 🈲注意カッターナイフで指を傷つけないよう注意する。
❌2 🈲注意綿棒を口に入れたときに，頬の内側を傷つけないよう注意する。

🧪 観察の結果

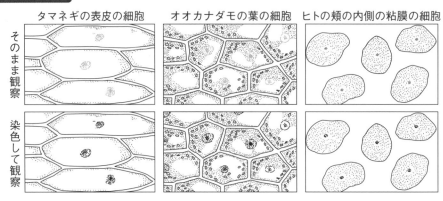

タマネギの表皮の細胞　　オオカナダモの葉の細胞　ヒトの頬の内側の粘膜の細胞

そのまま観察

	植物		動物
	タマネギの表皮	オオカナダモの葉	ヒトの頬の内側の粘膜
部屋のようす	小さな部屋の集まり	小さな部屋の集まり	小さな部屋の集まり
部屋の形	角張った形	角張った形	丸みを帯びた形
部屋の境目	はっきりしている	はっきりしている	はっきりしていない
緑色の小さな粒	見られなかった	たくさん見られた	見られなかった

染色して観察

	タマネギの表皮	オオカナダモの葉	ヒトの頬の内側の粘膜
よく染まった丸いもの	1つの部屋に1つずつ見られた	1つの部屋に1つずつ見られた	1つの部屋に1つずつ見られた

🧠 結果から考えよう

①植物と動物のつくりには，どのような共通点があると考えられるか。

・植物も動物も小さな部屋が集まってできている。

→小さな部屋は細胞で，植物も動物も細胞からできている。

・染色液によく染まる丸いものがある。

→染色液によく染まるのは核で，植物の細胞にも動物の細胞にも核がある。

②植物と動物のつくりには，どのような相違点（そういてん）があると考えられるか。

・植物の部屋は，動物に比べて境目がはっきりしていて，形が角張っている。

→植物の細胞には細胞壁があるが，動物の細胞にはないためである。

・オオカナダモの葉には，緑色の小さな粒がたくさん見られる。

→植物の葉にある緑色の粒は葉緑体で，動物の細胞にはない。

基本操作

単元
2

1
章

顕微鏡の使い方⇨✖1，2

顕微鏡の倍率

接眼レンズが10×，対物レンズが40の場合は10×40で400倍である。

ふつう，はじめは最も低い倍率で観察し，見たいところを決めてから高倍率に

かえて観察する。

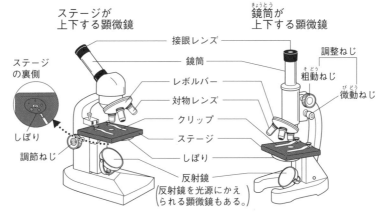

ステージが
上下する顕微鏡

鏡筒が
上下する顕微鏡

接眼レンズ

鏡筒

レボルバー

対物レンズ

クリップ

ステージ

しぼり

反射鏡
（反射鏡を光源にかえ
られる顕微鏡もある。）

調整ねじ

粗動ねじ

微動ねじ

ステージ
の裏側

しぼり

調節ねじ

❶ 明るさを調節する。

直射日光が当たらない明るいところに顕微鏡を置く。対物レンズを一番低い

倍率にする。反射鏡の角度としぼりを調節して，視野全体が一様に最も明る

くなるようにする。

❷ プレパラートを近づける。

プレパラートをステージの上にのせ，調節ねじ

を回し，プレパラートをできるだけ対物レンズ

に近づける。⇨✖3

対物レンズを横から見ながら，
少しずつ調節ねじを回す。

❸ ピントを合わせる。

接眼レンズをのぞきながら，調節ねじを❷と反

対に少しずつゆっくり回してプレパラートを離

していき，ピントが合ったら止める。

❹ しぼりをかえる。

ものが一番よく見えるように，しぼりを調節す

る。

接眼レンズを
のぞきながら，
調節ねじをゆ
っくりと回す。

✖1 顕微鏡は両手で持ち運び，水平なところに置く。

✖2 レンズは，接眼レンズ，対物レンズの順にとりつける。

✖3 （コツ）対物レンズを横から見ながら，少しずつ調節ねじを回す。

高倍率にするときの操作

倍率を高くする場合は，見るものが視野の中央にくるようにしてから，レボルバーを回し，対物レンズをかえる。

倍率を高くすると，視野全体が暗くなるので，しぼりや反射鏡で光の強さを調節する。

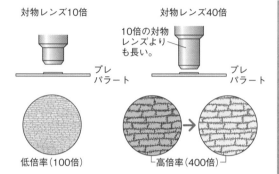

対物レンズ10倍　　対物レンズ40倍

10倍の対物レンズよりも長い。

プレパラート　　プレパラート

低倍率（100倍）　　高倍率（400倍）

顕微鏡のピント

顕微鏡では，ピントの合った面しか見ることができない。そこで，調節ねじでピントの合う面を上下に動かすと，観察したいもの全体を，細部まで正確に見ることができる。

ピントが合っている面を上から下に動かしていった例。

上
中央
下

空気の泡の例

カバーガラスをかぶせたときに空気の泡ができると，観察しにくいので，泡ができないように注意する。

空気の泡

基本操作

顕微鏡観察の記録のとり方

・顕微鏡の視野の円はかかない。
・ごみや観察の対象でないものはかかない。
・斜線や塗りつぶしはしない。
・接眼レンズと対物レンズの倍率を記録する。

スケッチの例
倍率　400倍
（接眼レンズ10倍×対物レンズ40倍）

×

❷ 細胞と生物の体

テーマ
単細胞生物と多細胞生物
組織　　器官

教科書の まとめ

□ **単細胞生物**（たんさいぼうせいぶつ）
▶1つの細胞だけで体が構成されている生物。　→ **観察2**

例 ゾウリムシ，ミドリムシ，ハネケイソウ，ミカヅキモ，アメーバ

□ **多細胞生物**（たさいぼう）
▶複数の細胞から体が構成されている生物。　→ **観察2**

例 ミジンコ，ムラサキツユクサ，ブタ

□ **組織**（そしき）
▶小腸の筋組織や葉の表皮組織のように，形やはたらきが同じ細胞が集まったもの。

□ **器官**（きかん）
▶動物の胃や植物の葉などのように，多細胞生物の体の中で特定のはたらきをもっている部分。

> **参考**
> 器官は，体の中で互（たが）いにつながりをもって調和してはたらいている。器官はいくつかの組織が集まってできている。

教科書
p.90

観察のガイド

観察2　単細胞生物と多細胞生物の観察

Ⓐ　単細胞生物

❶　試料を集める。⇨�֍1
池や水槽（すいそう）などの水や，水の中の落ち葉，小石などから試料を集める。

石などに付着しているものをブラシでこすって集める。

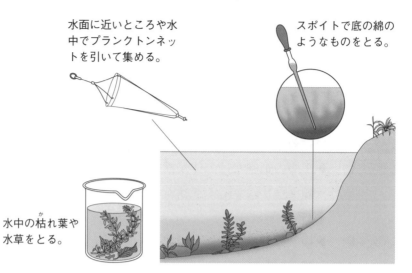

水面に近いところや水中でプランクトンネットを引いて集める。

スポイトで底の綿のようなものをとる。

水中の枯れ葉や水草をとる。

❷ プレパラートをつくる。

　スライドガラスに試料をのせる。空気の泡が中にできないように，片方からゆっくりとカバーガラスをかぶせる。⇨✖2

❸ 顕微鏡で観察する。

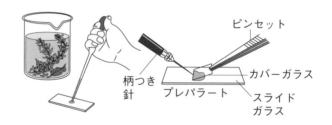

ピンセット

柄つき針　　プレパラート　　カバーガラス

スライドガラス

B　多細胞生物

❶ 試料を準備する。⇨✖3

ムラサキツユクサ

花にあるおしべの毛をピンセットで抜き，スライドガラスにのせる。

ピンセット

葉に切れ目を入れて，表皮の切片をつくり，スライドガラスにのせる。

ピンセット

肉

ブタの小腸やイワシなどの筋肉に切れ目をつけてうすい切片をつくり，スライドガラスにのせる。

❷ 顕微鏡で観察する。

水を1滴落としてカバーガラスをかぶせ，顕微鏡で観察する。⇨✖4

ピンセット

※1 注意 池や川では，あしが滑りやすいので，十分に注意する。

※2 コツ はみ出した液は，ろ紙で吸いとる。

※3 注意 カミソリの刃でけがをしないように注意する。

単元2

1章

🧪 観察の結果

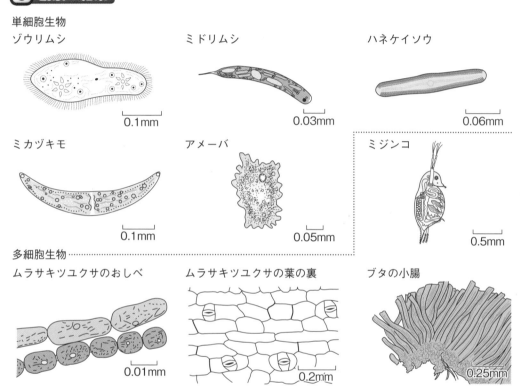

単細胞生物

ゾウリムシ

0.1mm

ミドリムシ

0.03mm

ハネケイソウ

0.06mm

ミカヅキモ

0.1mm

アメーバ

0.05mm

ミジンコ

0.5mm

多細胞生物

ムラサキツユクサのおしべ

0.01mm

ムラサキツユクサの葉の裏

0.2mm

ブタの小腸

0.25mm

🧠 結果から考えよう

単細胞生物，多細胞生物の共通点と相違点は何か。

→共通点…単細胞生物の体も，多細胞生物の体も細胞からできている。

相違点…多細胞生物の細胞は，花や葉，小腸など体の部分によって形や大きさがちがっている。

教科書 p.93 ## 章末問題

①植物の細胞には見られるが，動物の細胞に見られない部分を3つあげなさい。

②細胞が酸素と養分をとり入れて生きるためのエネルギーをとり出し，二酸化炭素を放出するはたらきを何というか。

③1つの細胞で構成されている生物，複数の細胞で構成されている生物をそれぞれ何というか。

 解答
①葉緑体，細胞壁，液胞

②細胞の呼吸

③1つの細胞…単細胞生物

　　複数の細胞…多細胞生物

 考え方
①核と細胞膜は，植物の細胞と動物の細胞に共通に見られる。

②細胞の呼吸(内呼吸)や肺の呼吸(外呼吸)によってとり入れられた酸素が，一つ一つの細胞でエネルギーをとり出すために使われる。

③ゾウリムシやアメーバは1つの細胞で体が構成されている。ミジンコやヒトは複数の細胞で体が構成されている。

テスト対策問題

解答は巻末にあります。

時間30分
／100

1 右の図は，植物の細胞と動物の細胞のつくりを模式的に表したものである。次の問いに答えよ。　6点×10(60点)

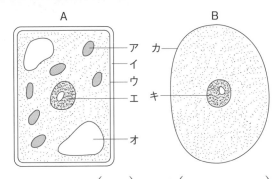

(1) 植物の細胞のつくりを表しているのは，A，Bのどちらか。　（　）

(2) 図のア〜キから，植物の細胞だけにあるつくりを3つ選び，記号と名称を答えよ。

記号（　）名称（　　　　）

記号（　）名称（　　　　）　記号（　）名称（　　　　）

(3) 細胞の核を顕微鏡で観察するときに使う液を何というか。　（　　　　）

(4) 細胞の核のまわりの部分を細胞膜を含めて何というか。　（　　　　）

(5) (4)の部分の一番外側のうすい膜を何というか。　（　　　　）

2 下の図の生物について，あとの問いに答えよ。　5点×4(20点)

ミカヅキモ

アメーバ

ハネケイソウ

ミジンコ

ゾウリムシ

オオカナダモ

(1) 体が1つの細胞で構成されている生物を何というか。　（　　　　）

(2) 体が複数の細胞で構成されている生物を何というか。　（　　　　）

(3) 図の生物から，(2)の生物を2つ選べ。　（　　　）（　　　）

3 右の図は，植物の葉のつくりを表したものである。次の問いに答えよ。　5点×4(20点)

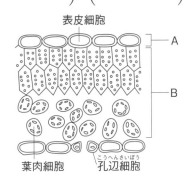
表皮細胞
A
B
葉肉細胞
孔辺細胞（こうへんさいぼう）

(1) 植物の葉，動物の胃などのように，特定のはたらきを受けもっている部分を何というか。

（　　　　）

(2) (1)の部分は，形やはたらきが同じ細胞が集まったものがいくつか集まってできている。下線部分のものを何というか。

（　　　　）

(3) 図のA，Bは，植物の葉をつくっている(2)の下線部分のものを表している。それぞれ何というか。　A（　　　）B（　　　）

単元2 生物の体のつくりとはたらき

2章 植物の体のつくりとはたらき

❶ 葉のはたらき

テーマ
光合成　呼吸　蒸散
対照実験

教科書の まとめ

□光合成
▶植物が，光のエネルギーを使って，二酸化炭素と水からデンプンなどをつくり出し，酸素を出すはたらき。
→ 観察3
→ 実験1

参考
BTB液は，酸性で黄色，中性で緑色，アルカリ性で青色になる。

□対照実験
▶ある条件について調べるために，調べたい条件以外の条件を同じにして別に行う実験。
→ 基本操作

□呼吸
▶生物が，体に酸素をとり入れ，二酸化炭素を出すはたらき。植物では，昼など光が当たるときは光合成によって使われる二酸化炭素の量が，呼吸によって出される二酸化炭素の量より多い。夜など光が当たらないときは，呼吸だけを行う。
→ やってみよう

□蒸散
▶植物の体の中の水が水蒸気として出ていくこと。主に気孔を通して起こる。失われた分，根から水を吸収する。
→ 実験2

教科書 p.94　実験のガイド

ポトスの葉でヨウ素デンプン反応を調べる実験

❶ ふ入りのポトスの葉の一部をアルミニウムはくで覆い，光を十分に当てる。⇨✖1

❷ エタノールで脱色し，水につけた後，ヨウ素液につけたときの葉のようすを調べる。

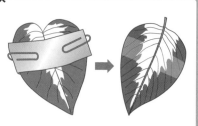

✖1　緑色ではないところがある葉をふ入りの葉という。

📕 実験のまとめ

葉の緑色のところで，光が当たったところだけにデンプンができることがわかる。

観察のガイド

単元2

2章

観察3 光合成が行われる場所

❶ オオカナダモを用意する。
数時間光を当てたオオカナダモA
と，光を当てないようにしたオオ
カナダモBを用意する。

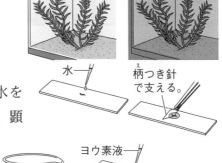

A ← 光   B

水

柄つき針
で支える。

❷ 顕微鏡で葉を観察する。
A，Bの先端近くの葉を1枚ずつ
とり，スライドガラスにのせる。水を
1滴落としてカバーガラスをかぶせ，顕
微鏡で観察する。⇨✖1

❸ 葉にヨウ素液をつけて観察する。
葉を熱湯に数分ひたす。その葉を
スライドガラスにのせ，ヨウ素液
を1滴落としてカバーガラスをか
ぶせ，顕微鏡で観察する。⇨✖2，3

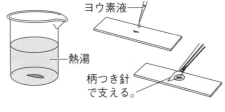

ヨウ素液

熱湯

柄つき針
で支える。

✖1 注意 本来，生息していなかった場所でふえてしまう恐れがあるので，オオカナダモを川や池に捨ててはいけない。

✖2 注意 熱湯でやけどをしないよう注意する。

✖3 コツ オオカナダモをあたためたエタノールに入れて脱色してからヨウ素液につけると，色の変化が見やすくなる。

🧪 観察の結果

❸ 光を当てた葉の葉緑体では，ヨウ素デンプン反応が見られた。
光を当てなかった葉の葉緑体では，ヨウ素デンプン反応があまり見られなかった。

結果から考えよう

①葉の細胞のどの部分で光合成が行われたと考えられるか。

→光を当てたオオカナダモの葉では，細胞の中にある<u>葉緑体</u>がヨウ素デンプン
反応により色が変化していることから，光合成は<u>葉緑体</u>で行われたと考えら
れる。

②教科書p.94図１で，葉の緑色ではないところでデンプンができなかったのは，
なぜだと考えられるか。

→その部分の細胞に葉緑体がないからだと考えられる。

教科書
p.98

基本操作

対照実験

実験A

「光が当たっているとき，オオカナダモによって二酸化炭
素が減る」ことを調べる実験。

⇩（実験Aで考えられること）

・オオカナダモが光合成をして二酸化炭素が減った。

・オオカナダモ以外の要因で二酸化炭素が減った。

⇩（オオカナダモが要因であることを調べるためには…）

対照実験

「オオカナダモを入れないとき，光を当てても二酸化炭素
が減らない」ことを確かめる実験。

実験A

光

オオカナダモを入れた
BTB液を入れた水が，
黄色から青色に
変わった。

対照実験

光

→ ?

オオカナダモを
入れない。

実験の結果

実験A…オオカナダモを入れたBTB液を入れた水が，黄色から青色に変わっ
た。

対照実験…オオカナダモを入れなかったBTB液を入れた水は，<u>黄色</u>のまま
変わらなかった。

実験のまとめ

実験A，対照実験より，「光が当たっているとき，オオカナダモによって<u>二</u>
<u>酸化炭素</u>が減る」ことがわかる。

教科書 p.99

実験のガイド

実験1 光合成で使われる物質

[A] BTB液で調べる(㋐，㋑，㋒，㋓)

❶ BTB液を調製し，4種類の試験管を用意する。
BTB液を水の入ったビーカーに入れ，ストローで息をふきこみ黄色にする。これを4本の試験管に分けて入れ，試験管㋐，㋒にはオオカナダモを入れる。試験管㋒，㋓は光が当たらないようにアルミニウムはくで覆(おお)う。

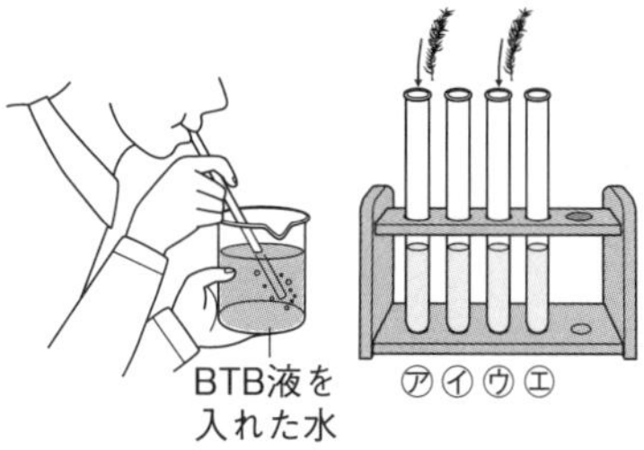

❷ 試験管に光を当て，変化を調べる。
試験管㋐，㋑に20～30分間，光を当て，BTB液の色の変化を調べる。

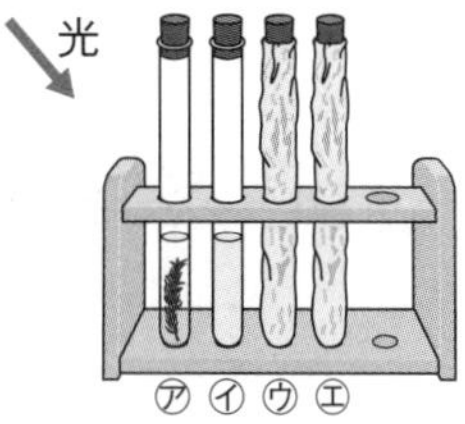

[B] 石灰水で調べる(㋕，㋖，㋗，㋘)

❶ 4種類の試験管を用意し，光を当てる。

① 試験管㋕，㋗にタンポポの葉を入れ，息をふきこみゴム栓をする。試験管㋖，㋘には息だけをふきこみゴム栓をする。⇨✖1

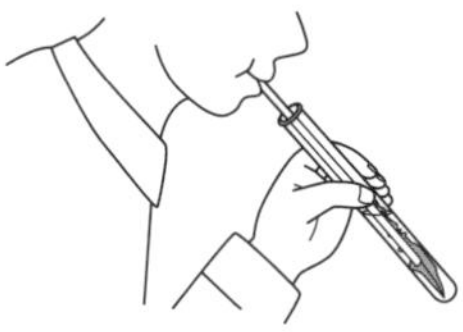

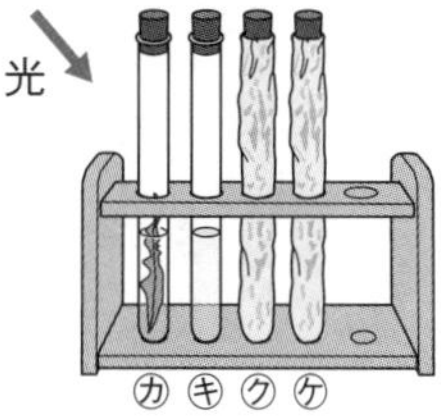

② 試験管㋗，㋘にはそれぞれ光が当たらないようにアルミニウムはくで覆う。試験管㋕，㋖に20～30分間，光を当てる。

❷ 石灰水で調べる。
4本の試験管に静かに少量の石灰水を入れ，再びゴム栓をし，よく振って石灰水のにごり方を比べる。
⇨✖2

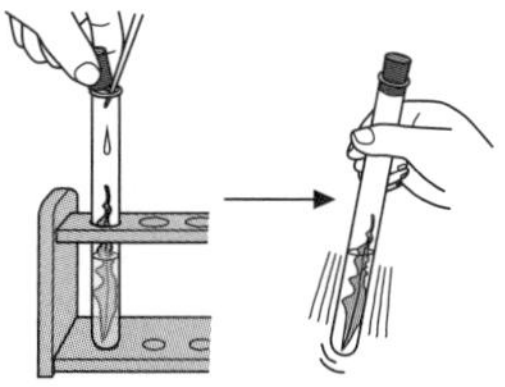

✖1 ヒトの息は，空気に比べると二酸化炭素の体積の割合が高い。
✖2 [注][意]石灰水が目に入らないよう保護眼鏡をかける。また，石灰水が手や衣服につかないよう，注意して実験を行う。

実験の結果

[A]　BTB液で調べた結果…光が当たって，オオカナダモが入っている試験管㋐だけが青色に変化した。試験管㋑，㋒，㋓は，黄色のまま変化がなかった。

[B]　石灰水で調べた結果…光が当たって，オオカナダモが入っている試験管㋕だけが石灰水に変化がなかった。試験管㋖，㋗，㋘は，石灰水が白くにごった。

		BTB液で調べた結果		石灰水で調べた結果	
		植物		植物	
		入れる	入れない	入れる	入れない
光	当てる	㋐青色	㋑黄色	㋕変化がなかった	㋖白くにごった
	当てない	㋒黄色	㋓黄色	㋗白くにごった	㋘白くにごった

結果から考えよう

各試験管の反応から，二酸化炭素は光合成によってどのように変化したと考えられるか。

→植物が光合成を行うと二酸化炭素が使われたと考えられる。

教科書 p.100

実験のガイド

光合成で酸素ができることを調べる実験

❶　ペットボトル(1.5L)にオオカナダモを入れ，水を満たしてふたをする。泡を底に開けた穴から追い出す。光を十分に当てて光合成をさせる。

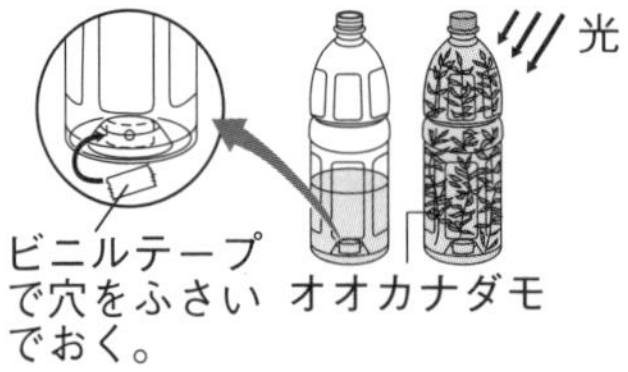

❷　ビニルテープをとって，ペットボトルにたまった気体を図のようにして穴から試験管に集め，火のついた線香を入れる。

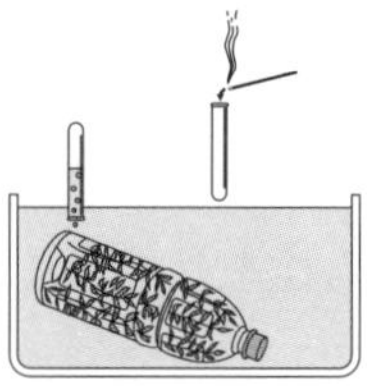

実験のまとめ

気体を集めた試験管の中に火のついた線香を入れると，炎を上げて激しく燃えたので，集めた気体は酸素であることがわかる。この酸素はオオカナダモが光合成を行ってデンプンをつくったときに放出したものである。

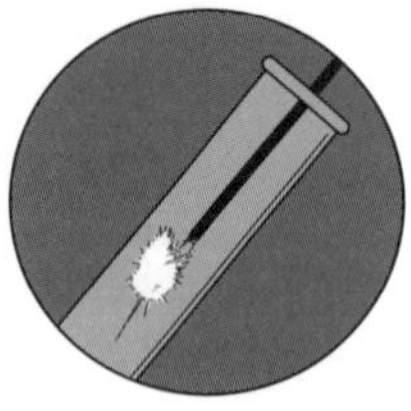

[光合成]

↓光のエネルギー
水＋二酸化炭素→デンプンなど＋酸素

教科書 p.101

やってみよう

植物が呼吸をしているか調べてみよう

❶ ポリエチレンの袋(ふくろ)㋐と㋑を用意して，㋐にはホウレンソウなどを入れる。㋐と㋑の口を閉じ，数時間暗いところに置く。

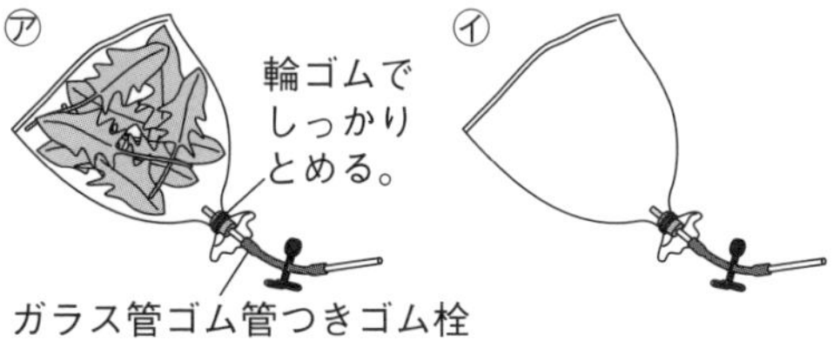
㋐
㋑
輪ゴムでしっかりとめる。
ガラス管ゴム管つきゴム栓

❷ 袋の中の空気を石灰水に押し出して調べる。⇨✖1

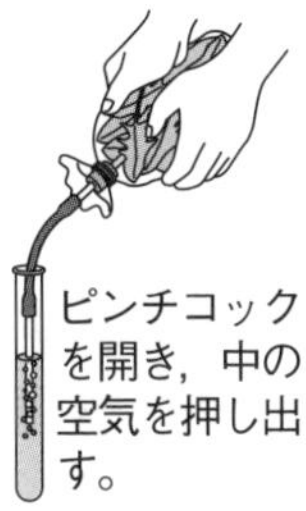
ピンチコックを開き，中の空気を押し出す。

(気体検知管で調べる方法)
袋の中の酸素と二酸化炭素の体積の割合を気体検知管で調べる。⇨✖2

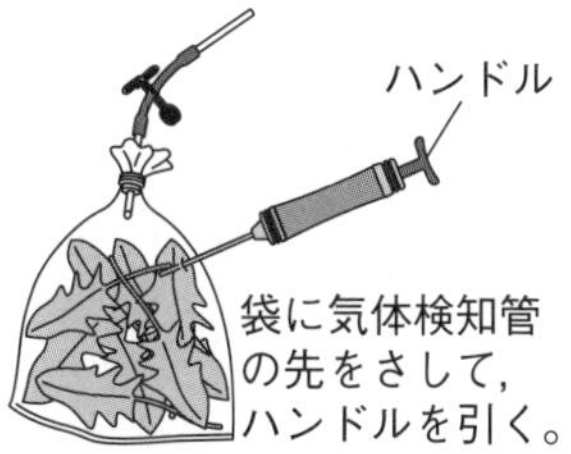
ハンドル
袋に気体検知管の先をさして，ハンドルを引く。

✖1 [注意]石灰水が目に入らないよう保護眼鏡をかける。

✖2 [注意]酸素用検知管は熱くなるので，測定後すぐに触らない。

やってみようのまとめ

❷の石灰水で調べると，㋐の石灰水は白くにごった。

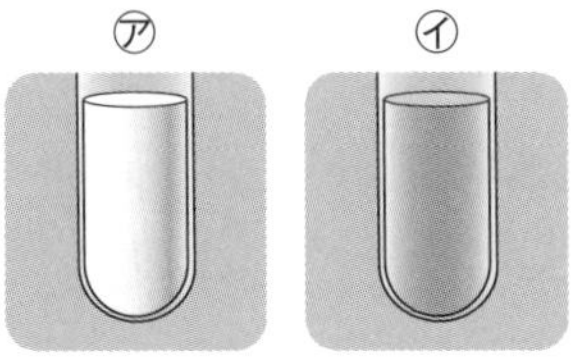
㋐
㋑

気体検知管で調べると，㋐の酸素は約19％，二酸化炭素は約２％だった。

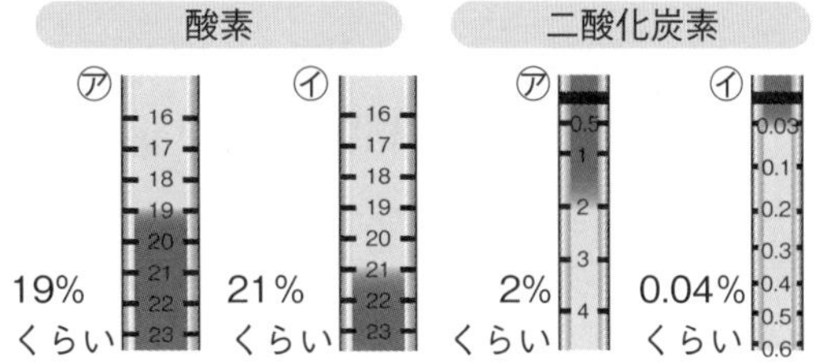
酸素
二酸化炭素
㋐
19％くらい
㋑
21％くらい
㋐
2％くらい
㋑
0.04％くらい

実験より，植物を入れた袋㋐では，酸素が減り二酸化炭素が増えた。
→植物も，ヒトや他の動物と同じように呼吸をして，酸素をとり入れて二酸化炭素を出している。

実験のガイド

実験2 蒸散と吸水の関係

❶ 装置の準備をする。

太さのちがうシリコーンチューブ(a, b, c)を1本につなげる。つなげたチューブを水の入った水槽に沈めて，水を入れた注射器でチューブの中にある空気を追い出す。

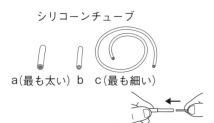

シリコーンチューブ

a(最も太い) b c(最も細い)

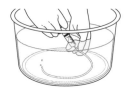

注射器を細いチューブの方からさして水を入れる。

❷ 葉の準備をする。

自分たちで立てた計画のとおりに，植物の葉にワセリンを塗る。水の入った水槽の中で，植物の葉とシリコーンチューブをつなぐ。⇨✖1

塗り残しのないように，まんべんなく塗る。

❸ 水の位置の変化を調べる。

❷でつくった葉を4枚，葉の表側を上にしてバットに置く。シリコーンチューブの水の位置にそれぞれ印をつける。10分くらいおいて，水の位置の変化をものさしで調べる。⇨✖2

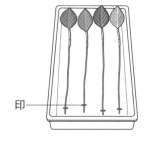

印

✖1 **コツ** シリコーンチューブの中に空気が入らないように水の中でつなぐようにする。

✖2 **コツ** 実験は直接日光の当たらない，明るい場所で行う。蒸散がすぐ始まってしまうので，素早く印をつけるようにする。

🧪 実験の結果

		葉の表側	
		塗る	塗らない
葉の裏側	塗る	㋐…1mm	㋑…5mm
	塗らない	㋒…68mm	㋓…75mm

蒸散は葉の表・裏,茎などの部分で行われている。

・㋐は,葉以外の部分の蒸散(ほとんどない)

・㋑は,主に葉の表の蒸散

・㋒は,主に葉の裏の蒸散

・㋓は,主に葉の表と裏の蒸散

　を表している。

💡 結果から考えよう

①植物の葉のどの部分で,蒸散する量が多いといえるだろうか。

→吸水した量から,葉の表側よりも裏側で盛んに蒸散しているといえる。

②蒸散と吸水量には,どのような関係があると考えられるだろうか。

→蒸散が盛んに行われると,吸水量も多くなることから,植物の体では,蒸散
　すると,(根からの)吸水が行われると考えられる。

❷ 葉のつくり

テ
ー
マ

気孔
道管　　師管　　維管束

教科書の まとめ

□気孔
▶植物の葉の表皮にある2つの細長い細胞(孔辺細胞)にはさまれた穴。水蒸気の出口や，酸素，二酸化炭素の出入り口になっている。
→ 観察4

参考
気孔を出入りする気体は，光合成や呼吸に関係する酸素と二酸化炭素である。水蒸気は蒸散で気孔から出ていくが，入ってこないので，出入りはしていない。光合成に必要な水は，根から吸い上げられたあと，道管を通って葉まで運ばれ，光合成の原料として使われる。

□道管
▶葉・茎・根にある水と無機養分の通り道。　→ 観察4
□師管
▶葉・茎・根にある，葉でつくられた養分の通り道。
→ 観察4

参考
葉でつくられたデンプンなどの有機物のことを有機養分ともいう。師管を通るときは水に溶けやすい物質になっている。
無機物のうち，植物の成長などに使われるものを無機養分という。小学校で学習した「肥料」は無機養分である。

□維管束
▶道管と師管の集まり。　→ 観察4

教科書 p.105

観察のガイド

観察4　葉の表皮と断面

❶　葉の裏側の表皮を観察する。
ツユクサの葉の裏側に切れ目を入れ，葉脈をつまんで表皮を剝ぎとる。
⇨1

表皮のプレパラートを
つくり，顕微鏡で観察
する。⇨✖2

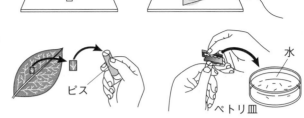

❷ 葉の断面を観察する。
ピスに縦の割れ目をつ
くり，そこにツバキ
などの葉の一部を切り
とってはさみ，できる
だけうすく切る。
⇨✖3
うすく切れた切片（せっぺん）を選
んで，プレパラートを
つくり，顕微鏡で観察する。

ピス

水

ペトリ皿

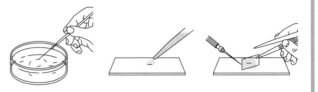

✖1 注意 カッターナイフで，けがをしないように注意する。	の並び方に特徴（とくちょう）はないかよく見る。
✖2 コツ 100倍程度で観察する。細胞	✖3 注意 かみそりの刃で，けがをしないように注意する。

🧪 観察の結果

❶ ツユクサの葉の表皮（裏側）

穴

❷ ツバキの葉の断面　　（表側）

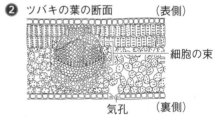

細胞の束

気孔　　（裏側）

❶葉の表皮には，細長い2つの細胞にはさまれた穴があった。

❷葉の断面には，細胞が束のようになっている部分が見られた。

💭 結果から考えよう

①葉の表皮のようすから，蒸散はどこで起こっていると考えられるか。

→葉の表皮にある穴から蒸散していると考えられる。

②葉の断面のようすから，どこが水の通り道になっていると考えられるか。

→葉の断面に見られる細胞の束が水の通り道になっていると考えられる。

❸ 茎・根のつくりとはたらき

テーマ
維管束の並び方
茎のつくりとはたらき　　根のつくりとはたらき　　根毛

教科書の まとめ

□維管束の並び方	▶ホウセンカやダイコン，ゴボウ，ヒマワリ，ナズナ，などの<ruby>双子<rt>そうし</rt></ruby><ruby>葉類<rt>ようるい</rt></ruby>の茎の維管束は横断面では輪のように並ぶ。

トウモロコシ，ヒヤシンス，スズメノカタビラなどの単子葉類の茎の維管束は横断面ではばらばらに分布する。　→ **やってみよう**

> **参考**
> 双子葉類の葉脈は網状脈で，根は主根と側根からなり，子葉は2枚である。単子葉類の葉脈は平行脈で，根はひげ根からなり，子葉は1枚である。

> **知識** 果実や野菜の維管束
> ミカンの皮をむくと，<ruby>房<rt>ふさ</rt></ruby>に白い<ruby>筋<rt>すじ</rt></ruby>が見える。これは維管束で，葉でつくられた養分や水がこの維管束を通して果実に送られる。へたを剥がした裏側にも維管束が見え，それぞれの房に養分や水が送られているのがわかる。どんぐりでも維管束を観察できる。また，セロリやアスパラガスなどの野菜を切って，切り口を着色した水にしばらくつけておくと，切り口の維管束が染まるのを見ることができる。

□茎のつくりとはたらき	▶茎は，葉を日光が当たる高い位置で支えるはたらきをもつ。葉脈を通る維管束は茎の維管束につながっていて，茎の維管束は葉と根の間で水や養分を通すはたらきをもつ。　→ **やってみよう**
□根のつくりとはたらき	▶根にも維管束があり，土から吸い上げた水を茎の維管束へと供給する。　→ **やってみよう**
□根毛	▶根の先端近くにある細い毛のようなつくり。根毛は細いので，土の小さい<ruby>隙間<rt>すきま</rt></ruby>に広がることができる。根毛があることで根の表面積も広くなり，水と無機養分を効率よく吸収することができる。

教科書 p.108

やってみよう

茎や根のつくりを観察してみよう

A 茎のつくり

❶ 着色した水を吸わせる。

着色した水を三角フラスコに入れる。葉のついた茎を水中で切り、三角フラスコの水にさす。

❷ 茎の断面を観察する。

着色した植物の茎を、輪切りにしたり、縦に切ったりしてプレパラートをつくり、顕微鏡で観察する。⇨✖1

ホウセンカ　　　　トウモロコシ

赤色に着色した水

B 根のつくり

❶ 着色した水を吸わせる。

ダイコンなど、根を食べる野菜を用意する。着色した水を容器に入れる。用意した根を切断し、すぐに切断面を着色した水にさす。⇨✖2

ダイコン　　ゴボウ

❷ 根の断面を観察する。

着色した植物の根を輪切りにしたり、縦に切ったりして観察する。

✖1 注意 かみそりの刃で、けがをしないように注意する。

✖2 コツ ダイコンを切るときは、側根が出ている部分を切るようにする。

🏔 やってみようのまとめ

A 茎のつくり

・ホウセンカでは、着色されたところが輪のように並んでいた。

・トウモロコシでは、着色されたところがばらばらに分布していた。

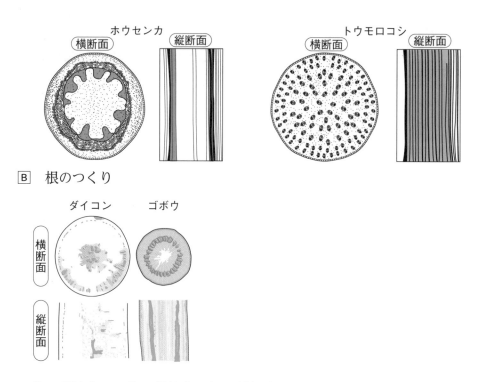

B 根のつくり

→葉の維管束は，茎の維管束や根の維管束につながっていることがわかる。

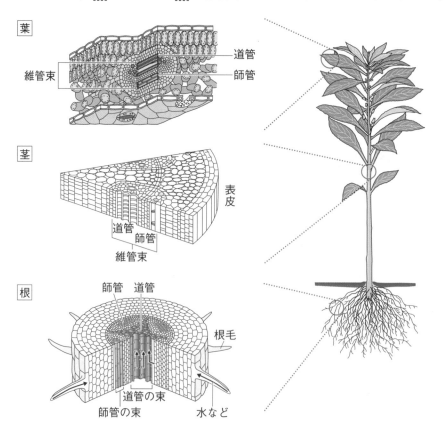

❹ 葉・茎・根のつながり

テーマ　水の行方　デンプンなどの養分の行方

教科書の まとめ

□葉・茎・根
　のつながり
□水の行方

□デンプンな
　どの養分の
　行方

▶植物の体は相互に維管束によってつながり，さまざまな物質が維管束を通して運ばれている。

▶水は，根から吸い上げられて茎を通り，葉から蒸散によって失われる。

▶光合成により葉でつくられたデンプンなどの養分は，水に溶けやすい物質に変わり，茎や根に運ばれて細胞の呼吸や成長などのエネルギー源として使われる。

参考
すぐに使われない養分は種子やいもに貯蔵され，それらが芽を出すときのエネルギー源として使われる。

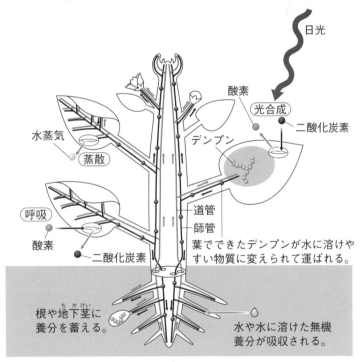

日光

酸素
光合成
二酸化炭素

水蒸気
蒸散

デンプン

呼吸
酸素
二酸化炭素

道管
師管
葉でできたデンプンが水に溶けやすい物質に変えられて運ばれる。

根や地下茎に養分を蓄える。

水や水に溶けた無機養分が吸収される。

教科書
p.113

章末問題

①植物が光のエネルギーを利用してデンプンなどをつくるはたらきを何というか。

②①は，細胞の中の何という場所で行われるか。

③蒸散とは何か説明しなさい。

④葉，茎，根にある水の通り道を何というか。

⑤葉，茎，根にある，葉でつくられた養分の通り道を何というか。

解答 ①光合成

②葉緑体

③植物の体の中の水が，水蒸気として出ていくこと。

④道管

⑤師管

　①植物が，光のエネルギーを使って，二酸化炭素と水からデンプンなどをつくり出し，酸素を出すはたらきを光合成という。

②葉緑体は，植物の細胞の中にある緑色の小さな粒である。

③蒸散は，主に気孔を通して起こる。気孔は，植物の表皮にある2つの細胞に囲まれた穴で，水蒸気が出たり，酸素，二酸化炭素が出入りする。

④蒸散で失われた水は，根から吸収することで補われ，道管を通って茎や葉に運ばれる。

⑤葉でつくられたデンプンなどの養分は，水に溶けやすい物質となって，師管を通って茎や根に運ばれる。

テスト対策問題

解答は巻末にあります。

時間30分 /100

1 同じ大きさのアジサイの葉を３枚用意し，次の㋐～㋒の〔処理〕をして，水の入ったシリコーンチューブをつなぎ，図のように葉の表側を上にして，バットの上に置いた。10分間おいて，水の位置の変化をものさしで調べたところ，水の位置は，〔結果〕のように移動した。　6点×2(12点)

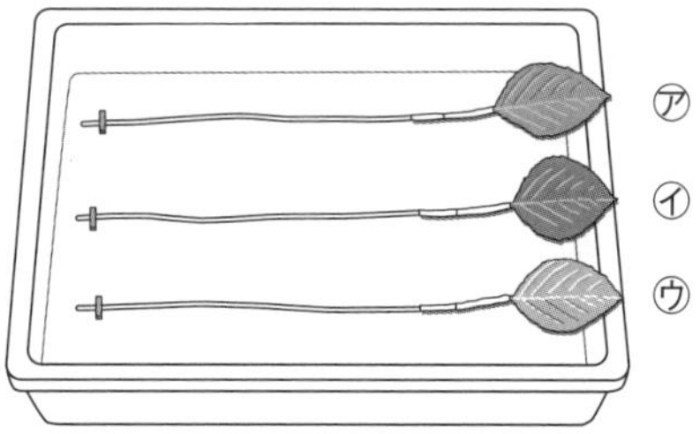

〔処理〕 ㋐葉の表にワセリンを塗る
㋑葉の裏にワセリンを塗る
㋒葉の表と裏にワセリンを塗る

〔結果〕水の位置が，㋐は66mm，㋑は7mm，㋒は１mm移動した。

(1) 蒸散するのは，次のア，イのどちらか。　(　　)
ア　ワセリンを塗ったところ　　イ　ワセリンを塗らなかったところ

(2) 気孔は，葉の表，葉の裏のどちらに多いといえるか。　(　　)

2 右の図１は，葉の断面を模式的に示したもので，図２は葉の表皮の一部を顕微鏡で観察したときのスケッチである。次の問いに答えよ。　8点×11(88点)

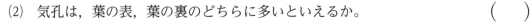

図１

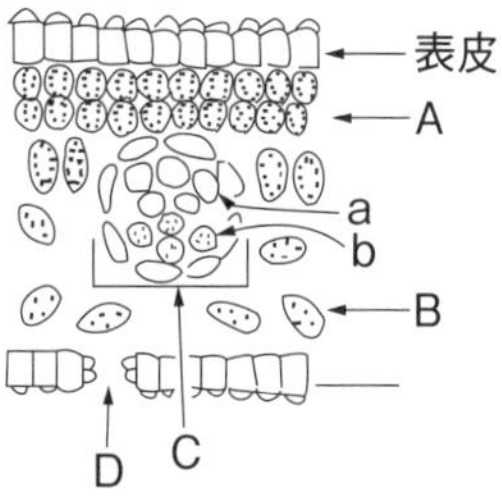

図２

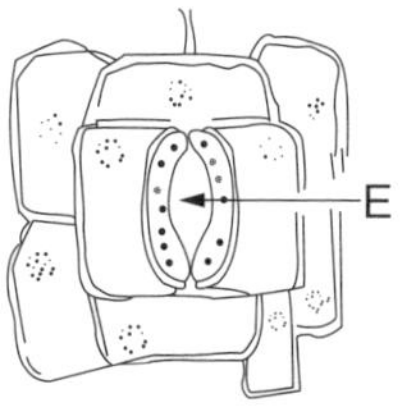

(1) 図１の細胞Ａ，Ｂの中の緑色をした小さな粒は何か。　(　　　　)

(2) 図２のＥは，２つの細長い細胞(孔辺細胞)に囲まれた小さな穴である。これを何というか。　(　　　　)

(3) (2)は，図１のＡ～Ｄのどの部分か。　(　　)

(4) 図１のＤから水蒸気を放出する現象を何というか。　(　　　　)

(5) 図１のＣの中のａ，ｂの管を何というか。ａ(　　　　) ｂ(　　　　)

(6) 図１のＣは葉の維管束である。葉ではこれを何というか。　(　　　　)

(7) 図１のＡ，Ｂの細胞の緑色の粒が行うはたらきを何というか。　(　　　　)

(8) (7)のはたらきでつくられる物質を２つ答えよ。(　　　　)

(9) (7)のはたらきでつくられる養分が，図１のｂの管を通って運ばれるとき，どのような性質の物質に変えられるか。　(　　　　)

(10) 図１のすべての細胞が夜も昼も行っているはたらきは何か。
(　　　　)

単元2 生物の体のつくりとはたらき

3章 動物の体のつくりとはたらき

❶ 消化と吸収

テーマ	消化　　消化器官　　消化管　　消化液　　消化酵素
	吸収　　肝臓のはたらき

教科書の まとめ

□食物中の養分	▶炭水化物(デンプンなど)，脂肪，タンパク質など。炭水化物(デンプンなど)と脂肪は主に生きていくために必要なエネルギー源として使われる。タンパク質は，エネルギー源としても使われるが，主に体をつくる材料として使われる。
□消化	▶食物の養分を吸収されやすい物質に変化させる過程。
□消化器官	▶食物に含まれる養分を体にとり入れるはたらきをしている部分。
□消化管	▶口から肛門まで(口→食道→胃→小腸→大腸→肛門)の食物の通り道。
□消化液	▶消化管の途中で出される液。消化酵素を含む。だ液せんからだ液，すい臓からすい液，肝臓から胆汁という消化液を出している。胆汁は消化酵素を含まないが，脂肪を細かい粒にして消化酵素のはたらきを助ける性質がある。胆汁は，一度，胆のうに蓄えられる。
□消化酵素	▶食物を吸収される物質にまで分解するはたらきをもつ物質。消化酵素によって，デンプンはブドウ糖，タンパク質はアミノ酸，脂肪は脂肪酸とモノグリセリドに分解される。また，消化酵素は消化液以外に小腸の壁にも存在する。　　→ 実験3
	① アミラーゼ…だ液の中に含まれる。デンプンを分解する。
	② ペプシン…胃液の中に含まれる。タンパク質を分解する。
	③ トリプシン…すい液の中に含まれる。タンパク質を分解する。
	④ リパーゼ…すい液の中に含まれる。脂肪を分解する。
□吸収	▶消化された養分が消化管の中から体内にとり入れられること。ブドウ糖とアミノ酸は小腸の柔毛の毛細血管に入り，脂肪酸とモノグリセリドは柔毛から吸収された後に再び脂肪になってリンパ管に入る。

[教科書 p.117]

実験のガイド

実験3 だ液のはたらき

❶ デンプン溶液にだ液を加える。

① 試験管㋐にデンプン溶液５mLとうすめただ液２mLを入れてよく混ぜ合わせる。

② 試験管㋑にデンプン溶液５mLと水２mLを入れてよく混ぜ合わせる。

③ 試験管㋐，㋑を36℃くらいの水に入れて10分間おく。

④ 試験管㋐の溶液，試験管㋑の溶液をそれぞれ２本の試験管に分ける。

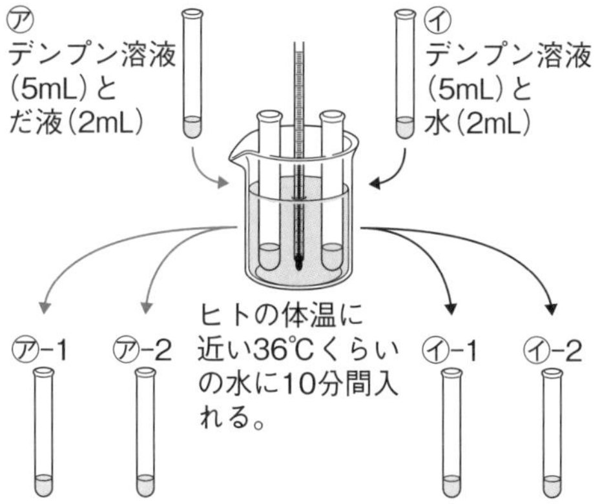

❷ ヨウ素液を入れる。

㋐－１，㋑－１の試験管にそれぞれヨウ素液を数滴（すうてき）加えて色の変化を見る。

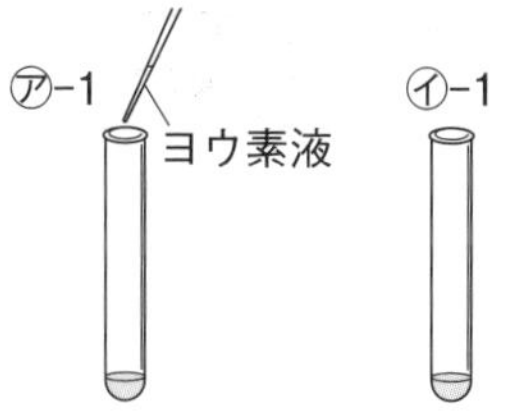

❸ ベネジクト液を入れて加熱する。

㋐－２，㋑－２の試験管にそれぞれベネジクト液を数滴加え，沸騰石（ふっとうせき）を入れる。試験管を振りながら加熱して，色の変化を見る。⇨✖1，2

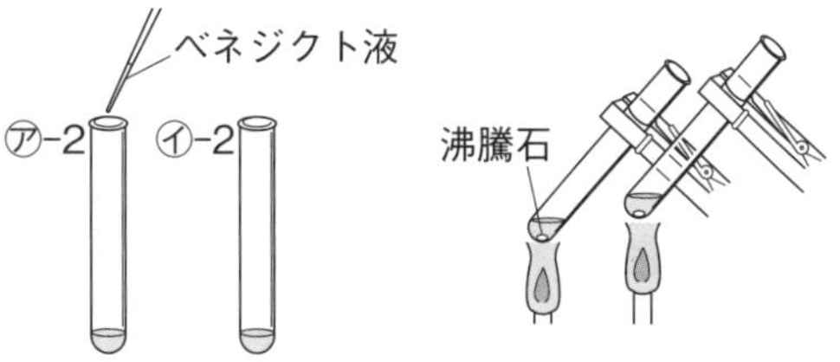

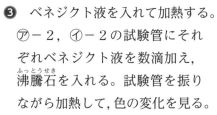

✖1 [注][意]試験管を軽く振りながら加熱する。

✖2 [注][意]液体が飛び出すことがあるので，試験管の口を人のいる方向へ向けない。

実験の結果

	ヨウ素液の反応	ベネジクト液の反応
㋐デンプン溶液とだ液	変化なし	赤褐色の沈殿ができた
㋑デンプン溶液と水	青紫色	変化なし

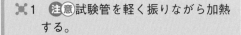

結果から考えよう

①ヨウ素液の反応から，どのようなことがいえるか。

→だ液を加えた㋐（㋐－１）では，ヨウ素液を入れても反応がないので，だ液のはたらきでデンプンが分解され，別の物質に変わったことがわかる。

②ベネジクト液の反応から，どのようなことがいえるか。

→だ液を加えた㋑（㋑－１）では，ベネジクト液を入れて加熱すると赤褐色の沈殿ができたことから，だ液のはたらきでブドウ糖や，ブドウ糖が２〜10個程度つながったものができたことがわかる。

③①と②から，だ液はデンプンに対してどのようなはたらきをすると考えられるか。

→だ液のはたらきによってデンプンが分解されたことがわかる。

教科書 p.118

実験のガイド

デンプンとブドウ糖の大きさのちがいを確かめる実験

❶　ペトリ皿にデンプンとブドウ糖の混合液を入れ，その上にセロハンを敷き，その上からガラス棒で静かに水を入れる。

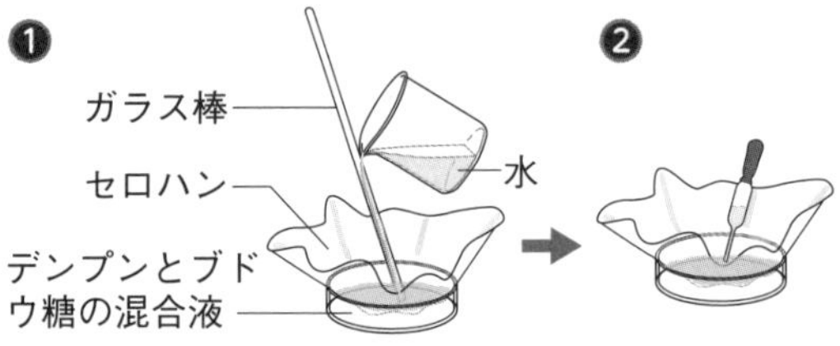

❷　約10分後，セロハンの上にある液体をスポイトで吸いとり，２本の試験管に分ける。

❸　教科書p.117実験３のように，吸いとった液体に，それぞれヨウ素液とベネジクト液を加えて色の変化を見る。

実験の結果

・ヨウ素液の反応…変化がなかった。

・ベネジクト液の反応…赤褐色の沈殿ができた。

実験のまとめ

セロハンには小さな穴が多数ある。小さな分子のブドウ糖はその穴を通り抜けるが，デンプンはそれよりも大きいため通り抜けないことがわかる。

教科書
p.122

肝臓の主なはたらき

　肝臓は，おとなで1000〜1500gもの質量がある，大きい器官である。肝臓には，心臓から送られた血液の約25％が流れこむ。肝臓は，生命を維持する活動を支えるいろいろなはたらきをもっている。

胆汁をつくる

　脂肪の消化を助ける胆汁をつくる。胆汁は，胆のうに蓄えられたあと，小腸に送り出される（教科書p.119）。

養分を蓄える・別の物質につくり変える

　小腸で吸収されたアミノ酸の一部は肝臓でタンパク質に変えられ

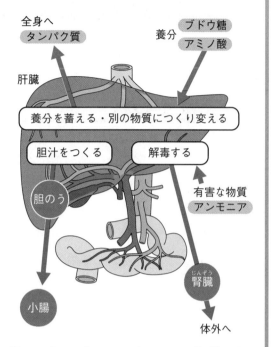

全身へ
タンパク質

養分
ブドウ糖
アミノ酸

肝臓

養分を蓄える・別の物質につくり変える

胆汁をつくる　　解毒する

胆のう

有害な物質
アンモニア

小腸

腎臓

体外へ

る。また，小腸で吸収されたブドウ糖の一部はグリコーゲンという物質に変えられて肝臓に貯蔵される。（教科書p.122）。

解毒する

　肝臓は，タンパク質が分解されるときにできる有害なアンモニアを尿素という無害な物質に変える（教科書p.132）。

❷ 呼吸

テーマ　肺の呼吸運動　　肺胞

教科書の まとめ

□肺の呼吸運動	▶肺には筋肉がないので，自ら運動することはできない。肺の呼吸運動は，肺の下にある横隔膜という筋肉や，外側の肋骨を動かす胸の筋肉のはたらきによって行われている。　**→ やってみよう** ①　息を吸うとき…胸の筋肉によって肋骨が引き上げられ，横隔膜が縮んで下がることにより，肺が広がって，鼻や口から息が吸いこまれる。 ②　息を吐くとき…胸の筋肉が緩んで肋骨がもとの位置に戻り，横隔膜が上がることにより，肺はもとの大きさに戻って，息が吐き出される。
□肺胞	▶肺の気管支の先端にあるうすい膜の袋。酸素と二酸化炭素の交換が行われる。空気中の酸素は肺胞で血液にとりこまれ，血液の循環により全身の細胞に送られて，細胞の呼吸に使われる。細胞の呼吸でできた二酸化炭素は，血液中に溶けこみ，肺までくると肺胞の中に出され，気管を通って鼻や口から体外に出される。 **知識** 肺胞があることで，空気とふれる表面積が大きくなり，酸素と二酸化炭素の交換を効率よく行える。 **知識** 細胞で行われる，酸素と養分をとり入れて，生きるためのエネルギーをとり出し，二酸化炭素を放出するはたらきを細胞の呼吸という。

教科書 p.125

やってみよう

─ 肺に空気が出入りするしくみを確かめてみよう ─

❶　ペットボトルを使って肺のモデル装置をつくる。

❷　底につけた風船の先を手で引いたり，戻したりして，中の風船がどうなるかを観察する。

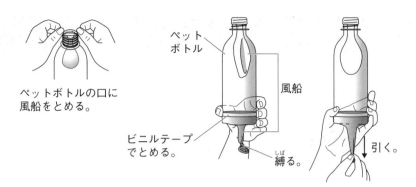

ペットボトルの口に風船をとめる。

ペットボトル

風船

ビニルテープでとめる。

縛る。

引く。

❸ 肺のモデル装置で，ペットボトル，ペットボトルの中の風船，底につけた風船は，それぞれ体のどの部分に当たるか考える。

🔺 やってみようのまとめ

❷ ペットボトルの底につけた風船の先を手で引くと，ペットボトル内の気圧が<u>低く</u>なり，中の風船は<u>膨らむ</u>。

ペットボトルの底につけた風船の先をもとに戻すと，ペットボトル内の気圧が<u>高く</u>なり（もとに戻り），中の風船は<u>しぼむ</u>（もとの大きさに戻る）。

❸ ペットボトルは<u>肋骨</u>，ペットボトルの中の風船は<u>肺</u>，底につけた風船は<u>横隔膜</u>に当たる。

 考え方 ヒトの肺の呼吸運動は次のように行われる。

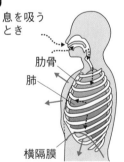

息を吸うとき

肋骨
肺
横隔膜

胸の筋肉によって肋骨が引き上げられ，横隔膜は縮んで下がる。

肺が広がって，鼻や口から息が吸いこまれる。

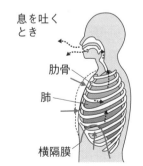

息を吐くとき

肋骨
肺
横隔膜

胸の筋肉が緩んで肋骨がもとの位置に戻り，横隔膜は上がる。

肺はもとの大きさに戻って，息が吐き出される。

❸ 血液とその循環

| テーマ | 動脈と静脈　　毛細血管　　組織液　　血液(赤血球, 白血球, 血小板, 血しょう)
ヘモグロビン　　リンパ管　　リンパ液　　体循環と肺循環　　動脈血と静脈血 |

教科書の まとめ

□**動脈** ▶心臓から血液を送り出す血管。壁は厚く，筋肉が多く，弾力がある。→ やってみよう

□**静脈** ▶心臓に血液が戻ってくる血管。壁は動脈よりうすく，ところどころに逆流を防ぐ弁がある。→ やってみよう

□**毛細血管** ▶体全体に張り巡らされた細い血管。動脈と静脈をつないでいる。→ 観察5

□**組織液** ▶毛細血管からしみ出した血しょうの一部で，細胞をひたしている。

□**赤血球** ▶血液の固形成分。体中に酸素を運ぶはたらきがある。

□**白血球** ▶血液の固形成分。体に入った細菌などをとらえるはたらきがある。

□**血小板** ▶血液の固形成分。出血したときに血液を固めるはたらきがある。

白血球　赤血球　血小板　血しょう　0.005mm

□**血しょう** ▶血液の液体成分。毛細血管からしみ出したものが組織液である。

□**ヘモグロビン** ▶赤血球に含まれる物質。酸素と結合して体中に運ばれる。酸素の多いところでは酸素と結びつき，酸素の少ないところでは結びついた酸素の一部を放す性質をもつ。

□**リンパ管** ▶血液と同様に体中に張り巡らされた管。組織液の一部が入る。

□**リンパ液** ▶リンパ管に入った組織液。

□**肺循環** ▶血液が心臓から肺動脈，肺，肺静脈を通って心臓に戻る経路。

□**体循環** ▶血液が心臓から肺以外の全身を回って心臓に戻る経路。

□**動脈血** ▶酸素を多く含んだ血液。大動脈，肺静脈に流れている。

□**静脈血** ▶二酸化炭素を多く含んだ血液。大静脈，肺動脈に流れている。

□**排出** ▶体内でできた不要な物質をとり除き，体外に出すはたらき。腎臓には太い血管がつながっていて，血液をろ過して血液中の不要な物質をとり除いている。尿素などの不要な物質や水分は，尿としてぼうこうにためられた後，体外に排出される。

<table>
<tr><td>教科書
p.127</td><td>## 観察のガイド</td></tr>
</table>

観察5　**毛細血管の観察**

❶　メダカを袋に入れる。

チャックつきポリエチレンの袋にメダカを水とともに入れる。袋から水を追い出すようにしてチャックを閉める。⇨✖1

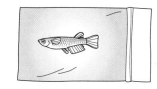

❷　メダカの尾びれを顕微鏡で観察する。

メダカの尾びれの毛細血管のようすや，中を流れている血液のようすを観察する。
⇨✖2

✖1　注意 メダカに直接触ったり，強い力を加えたりしないようにする。
✖2　注意 素早く観察して，メダカをすぐに水槽に戻す。

観察の結果

1本の毛細血管の中の血液には，小さな粒が見られる。粒は同じ向きに一定の速さで流れている。

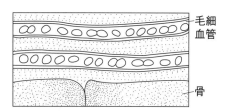

毛細血管

骨

結果から考えよう

血液は，体の中をどのように流れているといえるか。
→同じ向きに一定の速さで流れているといえる。

<table>
<tr><td>教科書
p.131</td><td>## やってみよう</td></tr>
</table>

給油ポンプを使って心臓のはたらきを確かめてみよう

❶　給油ポンプを切り開き，弁の向きや水の流れる方向を確認する。

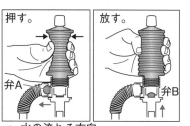

押す。　放す。

弁A　弁B

←水の流れる方向

❷ 別の給油ポンプで，図のような循環
する経路をつくる。中に赤く着色した
水を入れる。ポンプを動かして，水が
移動するようすを観察する。

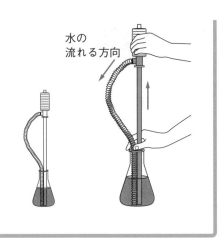

水の
流れる方向

⛰ やってみようのまとめ

給油ポンプの弁Bは，ヒトの心臓の心房と心室の間にある弁(右心房と右心
室の間，左心房と左心室の間)，弁Aは心室と動脈の間にある弁(右心室と肺
動脈の間，左心室と大動脈の間)のはたらきをしている。ポンプを押すと弁
Aが開いて中の水が押し出され，放すと弁Aは閉じて弁Bが開き，下から水
が吸いこまれる。この繰り返しで水が送られる。

考え方 ヒトの心臓による血液の循環は次のように行われている。上の給
油ポンプのしくみと比較する。

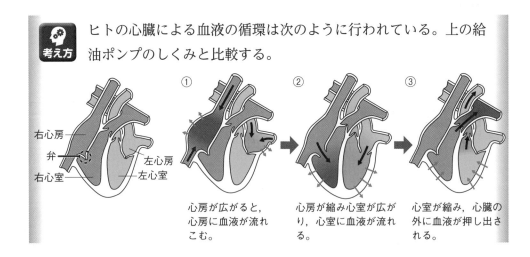

右心房
弁
右心室
左心房
左心室

① 心房が広がると，心房に血液が流れこむ。

② 心房が縮み心室が広がり，心室に血液が流れる。

③ 心室が縮み，心臓の外に血液が押し出される。

❹ 動物の行動のしくみ

テーマ 骨格と筋肉　　運動器官と感覚器官　　神経系　　中枢神経と末梢神経
感覚神経と運動神経　　反射

教科書の まとめ

□ **骨格**
(こっかく)
▶ ヒトなどの動物の体の内部にある，たくさんの骨が結合して組み立てられているつくり。体を支えて，体を動かすはたらきをする。
→ **やってみよう**

□ **筋肉**
(きんにく)
▶ 骨のまわりにある部分。両端にはけんがあり，けんで骨についている。筋肉のはたらきによって関節の部分で骨格が曲げられる。
→ **やってみよう**

> **参考**
> 草食動物であるシマウマのあしには，天敵から逃げるため長い距離を走るのに適したひづめがある。肉食動物であるライオンのあしには，獲物をとらえるのに適したするどい爪がある。

□ **運動器官**
(うんどうきかん)
▶ 手やあしなど，運動を行う体の部分。
→ **やってみよう**

□ **感覚器官**
(かんかくきかん)
▶ 目や耳など，まわりの状態を刺激として受けとる体の部分。
→ **やってみよう**

□ **神経系**
(しんけいけい)
▶ 中枢神経と末梢神経からなる全身の神経。
→ **実験4**

□ **中枢神経**
(ちゅうすうしんけい)
▶ 脳や脊髄からできている神経。

□ **末梢神経**
(まっしょうしんけい)
▶ 中枢神経から出て細かく枝分かれし，体の隅々まで行き渡っている神経。

□ **感覚神経**
(かんかくしんけい)
▶ 感覚器官からの信号を脳や脊髄に伝える神経。
→ **やってみよう**

□ **運動神経**
(うんどうしんけい)
▶ 脳や脊髄からの信号を筋肉へ伝える神経。
→ **やってみよう**

□ **反射**
(はんしゃ)
▶ 刺激に対して意識と関係なく起こる反応。うっかり熱いものに手がふれると，「熱い」と意識される前に手を引っこめるという運動が起こる。この反射では，手の皮ふの感覚細胞からの信号が，脊髄を通って脳に伝えられると同時に，腕や手の筋肉につながっている運動神経にも直接伝わり，意識とは無関係に腕や手が動く。
→ **やってみよう**

やってみよう

教科書 p.136

ニワトリの手羽先で骨と筋肉のしくみを調べてみよう

ニワトリの手羽先の皮を，解剖ばさみを使って剥ぎ，骨と筋肉を観察する。いろいろな筋肉を引っ張って，どのように動くか調べる。⇨✖1

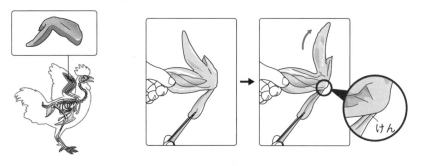

✖1 注意 解剖ばさみで手などを傷つけないように十分注意する。

やってみようのまとめ

解剖ばさみを使って，手羽先から皮を剥ぎとると，いくつかの筋肉が確認できるようになる。筋肉をピンセットではさんで引っ張ると，先端部が動くのが観察できる。引っ張るのをやめると，先端部はもとの状態に戻る。筋肉を引っ張ることは，筋肉が縮んだときと同じ効果になることを理解する。また，筋肉の端（けん）が骨についていることも観察できる。けんを引っ張ってみると，とても丈夫なつくりになっていることが確認できる。

曲げるとき

考え方 ヒトの骨と筋肉のしくみを，上のニワトリの骨と筋肉のしくみと比較する。ヒトの腕の曲げのばしは，次のようなしくみで行われる。

ひじの部分で腕が曲がるのは，右の図のように，関節を越えてついている内側のAの筋肉が縮んで，外側のBの筋肉が緩むからである。また，腕をのばすときは，

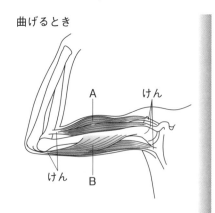

次のページの図のように，Bの筋肉が縮み，Aの筋肉が緩む。同じ骨をはさんで対になってついている筋肉のはたらきによって，腕は曲げのばしできる。

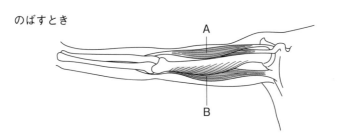

のばすとき

A

B

 教科書
p.139

やってみよう

刺激に対するメダカの反応を調べてみよう

❶　円形水槽にメダカ
を入れて，泳ぐよう
すを観察する。

メダカ

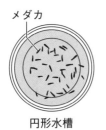

円形水槽

❷　棒でゆっくりかき回して水流をつくり，メダカ
がどのよう
に反応する
か調べる。
⇨✖1

❸　縦じま模様のある円筒を
水槽の外側に置く。円筒を
回転させて，水槽のまわり
の景色が変化したとき，メ
ダカがどのように反応するか調べる。⇨✖2

✖1 コツ 水流をつくるときはそっとか
き回して，水流が起こったらしばら
くそのまま待つ。

✖2 コツ 円筒はゆっくり静かに回転さ
せる。

 やってみようのまとめ

❷　メダカは体表で水の流れを刺激として受けとり(触覚)，流されないように，
水の流れと反対向きに泳ぎ始める。

❸　メダカは目で縦じま模様の動きを刺激として受けとり(視覚)，縦じま模様
の動きと逆方向に流れているように感じて，流されないように，縦じま模様
の動きと同じ向きに泳ぎ始める。

考え方　ヒトの感覚器官である目，耳，皮ふ，鼻，舌のつくりは次のペー
ジの図のようになっている。上のメダカの感覚器官と比較する。

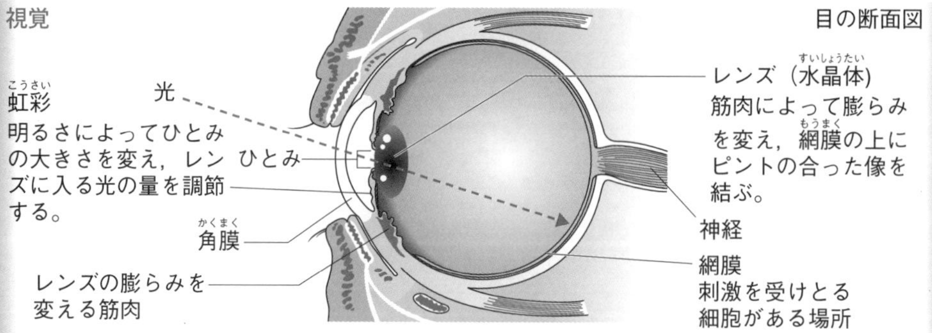
視覚
目の断面図
光
虹彩（こうさい）
明るさによってひとみの大きさを変え，レンズに入る光の量を調節する。
ひとみ
角膜（かくまく）
レンズの膨らみを変える筋肉
レンズ（水晶体（すいしょうたい））
筋肉によって膨らみを変え，網膜（もうまく）の上にピントの合った像を結ぶ。
神経
網膜
刺激を受けとる細胞がある場所

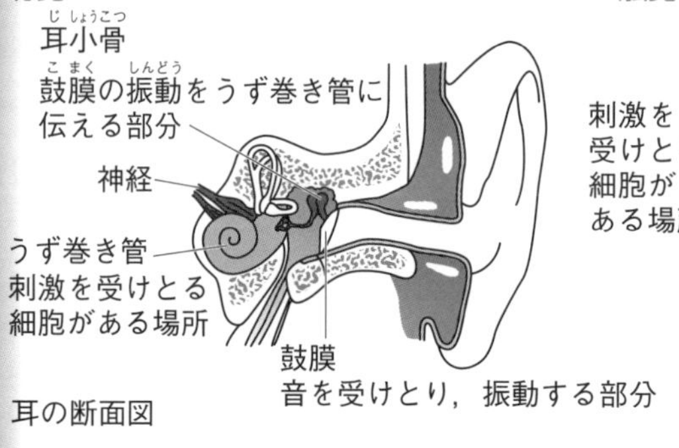
聴覚（ちょうかく）
耳小骨（じしょうこつ）
鼓膜（こまく）の振動（しんどう）をうず巻き管に伝える部分
神経
うず巻き管
刺激を受けとる細胞がある場所
鼓膜
音を受けとり，振動する部分
耳の断面図

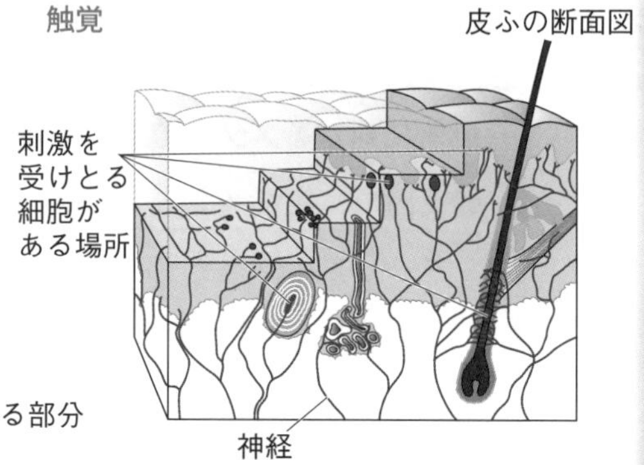
触覚
皮ふの断面図
刺激を受けとる細胞がある場所
神経

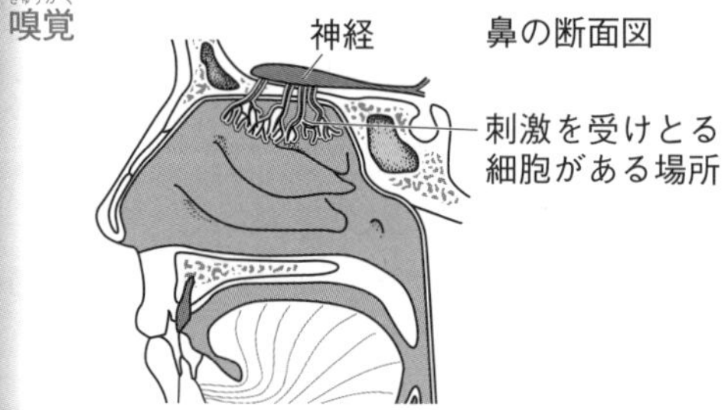
嗅覚（きゅうかく）
神経
鼻の断面図
刺激を受けとる細胞がある場所

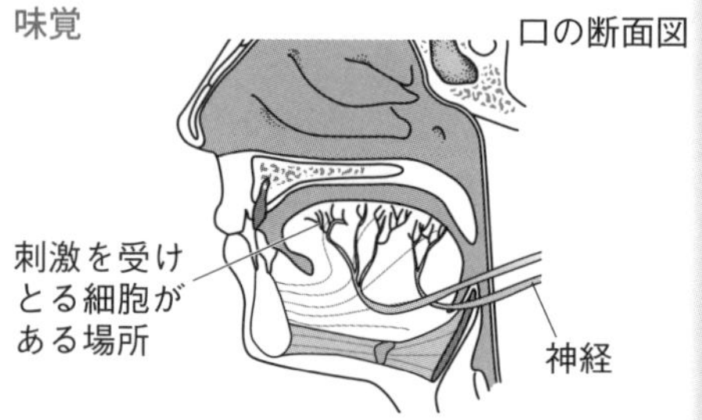
味覚
口の断面図
刺激を受けとる細胞がある場所
神経

目（視覚）では網膜に，耳（聴覚）ではうず巻き管に，鼻（嗅覚）では鼻の中の上部に，舌（味覚）では舌の上部に，皮ふ（触覚など）では皮ふのすぐ下に刺激を受けとる特別な細胞（感覚細胞）が集まっている。

教科書 p.141

実験のガイド

実験4 刺激と反応

❶ ものさしに注目して構える。

㋐，㋑2人1組になる。㋐はものさしの上端（じょうたん）をつかみ，㋑はものさしの0の目盛りのところに指を添（そ）えて，いつでもつかめるように，ものさしに注目する。

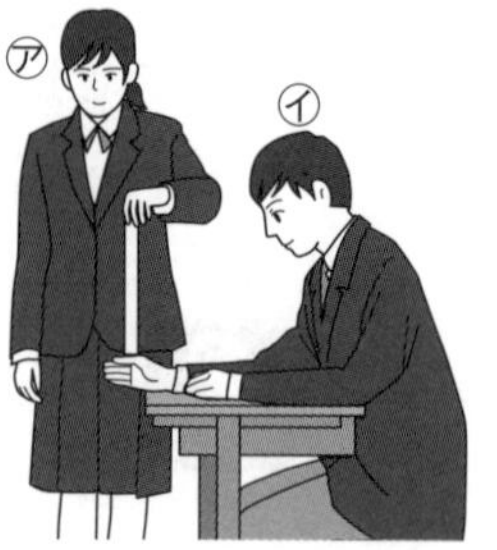
㋐
㋑

❷ 落ちてくるものさしをつかむ。

㋐は予告せずにものさしから手を放す。ものさしが落ち始めるのを見たら，㋑はすぐにものさしをつかむ。ものさしの0の目盛りからどのくらいの距離でつかめたかを調べる。これを何回か繰り返す。

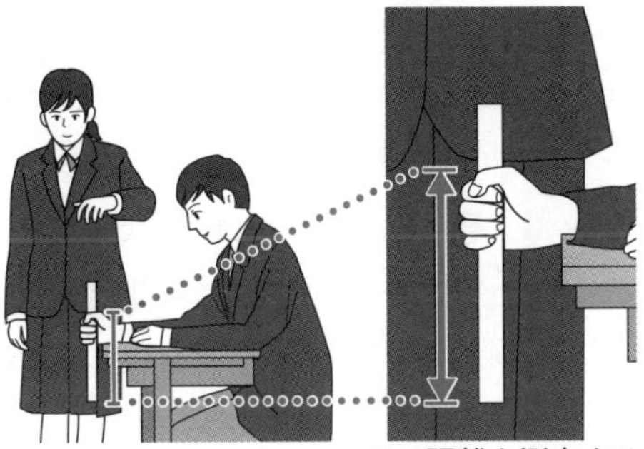

この距離を測定する

❸ 反応時間を求める。

ものさしが落ちるのを見てから，つかむという反応が起こるまでのおよその時間を，教科書p.141の対応目盛りを使って求める。

実験の結果

結果の例：

1回目	2回目	3回目	～	10回目	平均
17.5cm	20.0cm	21.0cm	～	19.9cm	18.4cm

結果から考えよう

①この実験では，ヒトの反応時間はおよそどのくらいだといえるか。

→ものさしの0の目盛りからつかんだ位置までの距離の平均値は18.4cmなので，ヒトの反応時間は，教科書p.141の対応目盛りより，およそ0.19秒だといえる。

②この実験では，体のどこで刺激を受けとっていると考えられるか。

→目

目で受けた刺激の信号の伝わる経路

目→感覚神経→脳(脳で刺激を認識)

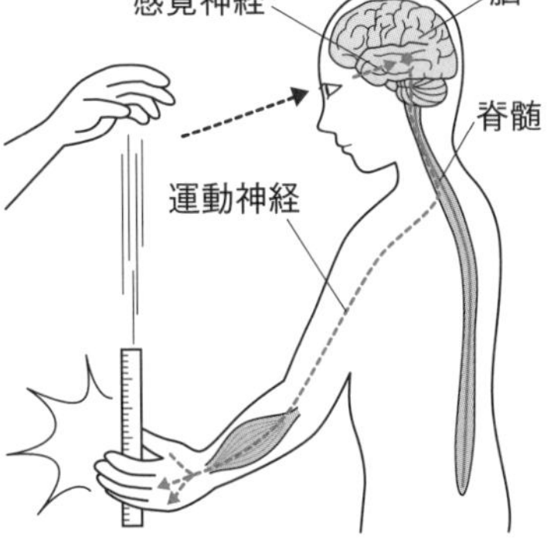

③この実験では，体のどこで反応していると考えられるか。

→手

脳からの命令の信号の伝わる経路

脳→脊髄→運動神経→手(の筋肉)

教科書 p.142

やってみよう

手をつないで反応時間を調べてみよう

❶ 図のように輪になって手をつなぐ。スタート地点となる生徒(㋐)は，片手にストップウォッチを持つ。準備ができたら，全員目を閉じる。

❷ ㋐はストップウォッチをスタートさせると同時に，ストップウォッチを持った手と反対側の人の手を握(にぎ)る。手を握られた人は次の人の手を握る。これを続けていく。最後の人は自分が握られたら，㋐の手首を握る。㋐はストップウォッチを止める。

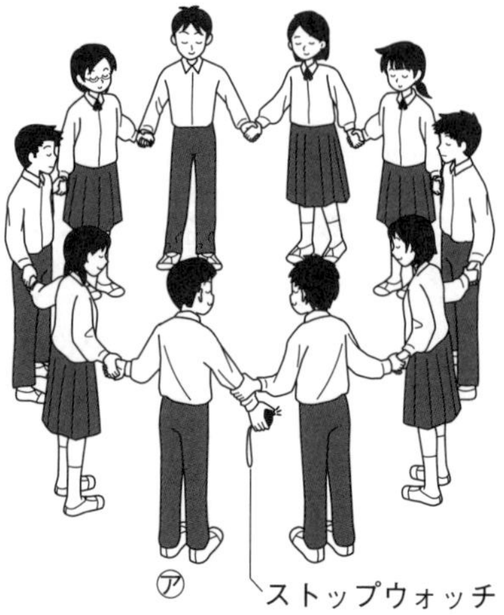

❸ 手を握られてから，次の人の手を握るという反応が起こるまでの，１人当たりのおよその時間を求める。

やってみようのまとめ

この実験の結果はストップウォッチの数値を人数で割ると，１人当たり0.2〜0.3秒で，反応のしくみは次のようになる。

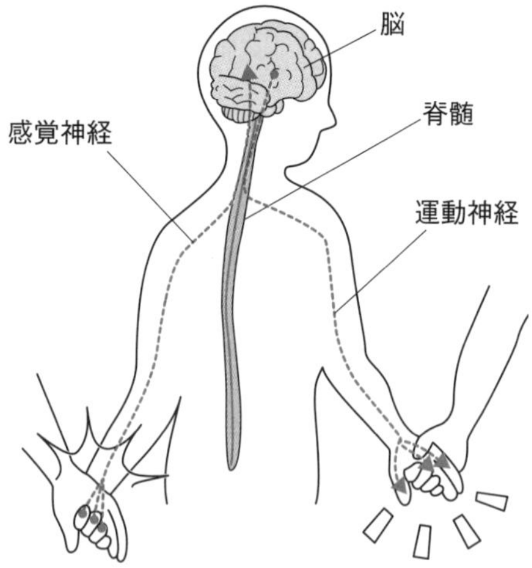

①握られた手の皮ふが刺激を受けとる。
②刺激の信号は感覚神経によって脊髄に伝えられる。
③脊髄に伝わった信号が脳に伝わる。
④脳は手を握られたことを意識し，次の人の手を握れという信号を出す。
⑤脳からの信号が脊髄に伝えられる。
⑥脊髄を伝わった信号は，運動神経によって手の筋肉に伝えられる。
⑦手の筋肉が動いて次の人の手を握る。

教科書
p.144

やってみよう

反射を体験してみよう

❶ 昼間，教室などで鏡を見て，自分のひとみの大きさを確認する。

❷ ❶よりも暗いところに移動し，ひとみの大きさを確認する。❶のときとひとみの大きさのちがいを比べる。

やってみようのまとめ

暗いところでは，ひとみの大きさは<u>大き</u>い。明るいところでは，ひとみの大きさは<u>小さ</u>い。ヒトが明るさを意識する前に，ひとみの大きさは変化する。この反応は<u>反射</u>である。

暗いところでのひとみ

明るいところでのひとみ

うっかり熱いものに手がふれたときに，「熱い」と意識される前に手を引っこめる反射では，「手を引っこめろ」という命令の信号を出すのは<u>脊髄</u>である。このとき，手の皮ふの感覚細胞からの刺激の信号は，<u>感覚</u>神経を通って脊髄に伝えられる。その信号は脊髄を通って脳に伝えら

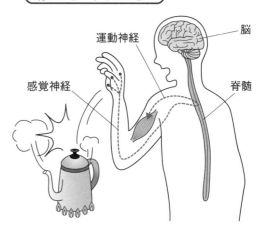

脳

運動神経

感覚神経

脊髄

れると同時に，手の筋肉につながっている<u>運動</u>神経にも直接伝わり，意識とは無関係に動く。一方，信号が脳まで伝えられることによって，手を引っこめた後に，熱いということが意識される。

この他，食物を口に入れるとだ液が出ること，体のつり合い，体温を一定に保つことなど，無意識に行われる体のはたらきは，さまざまな反射の組み合わせで行われている。

❺ 生物の体のつくりとはたらき

テーマ 生きるための器官

教科書の まとめ

□生きるため の器官	▶ヒトの消化・吸収，呼吸，血液の循環および排出，そして運動の しくみの多くは，ヒト以外の動物にも備わっている。

→ やってみよう

教科書 p.145

やってみよう

魚の体のつくりを調べてみよう

❶ アジなどをバットの上にのせ，体の外側のつくりを観察する。

❷ 右の図の①，②の順に魚の腹を切り，表皮と筋肉の膜を剥がす。次に③のようにえらぶたを切りとる。⇨✖1

❸ 体の内部のつくりを観察する。

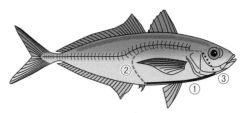

✖1 （コツ）解剖ばさみの丸くなっている方を体の内側に入れて，内臓を傷つけないよう気をつけて切る。

⛰ やってみようのまとめ

①ヒトの体との共通点 アジなどの魚の体にも，目，口，鼻，胃や腸，肛門，心臓，肝臓，腎臓，ひ臓など生きるために必要な器官が見られた。

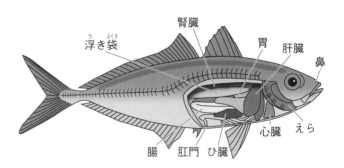

②ヒトの体との相違点

　魚に観察されたえら，浮き袋は，ヒトにはない。魚はえらを使って水中で，ヒトは肺を使って空気中で呼吸する。また，移動のための器官が異なる。ヒトはあしで歩行するが，魚はひれで水中を泳ぐ。

 振り返ろう

教科書
p.146

①養分を得るしくみ

動物	植物
・食物を消化・吸収することで養分を得ている。	・光合成により，デンプンなどの養分をつくり出す。

②呼吸をするしくみ

動物	植物
・肺やえらなどから，酸素をとり入れ二酸化炭素を放出する。	・気孔から，酸素をとり入れ二酸化炭素を放出する。

③体内で必要なものや不要なものを運搬するしくみ

動物	植物
・心臓で血液を循環させることにより，運搬している。	・道管で水や無機養分，師管で養分を運搬している。

単元2

3章

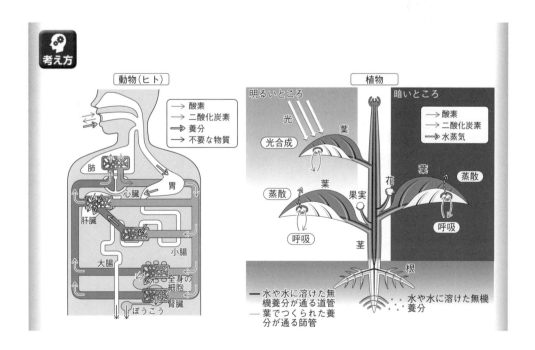

章末問題 教科書 p.147

①消化液に含まれている，食物の養分を分解するはたらきをもつ物質は何か。

②消化された養分が消化管の中から体内にとり入れられることを何というか。

③呼吸によって肺で血液にとりこまれる気体は何か。

④血液が全身を循環している経路を2つあげなさい。

⑤動物の運動は，何と何がはたらくことによって行われるか。

⑥さまざまな刺激を受けとる体の部分を何というか。

⑦刺激に対して意識と関係なく起こる反応を何というか。

解答
①消化酵素

②吸収

③酸素

④肺循環，体循環

⑤骨格，筋肉

⑥感覚器官

⑦反射

 考え方 ①消化酵素には，デンプンを分解するアミラーゼ，タンパク質を分解するペプシン，トリプシン，脂肪を分解するリパーゼなどがある。

④肺循環は，血液が心臓から肺動脈，肺，肺静脈を通って心臓に戻る経路である。体循環は，血液が心臓から肺以外の全身を回って心臓に戻る経路である。

⑤筋肉のはたらきによって関節の部分で骨格が曲げられる。

⑥ヒトの感覚器官には，目(視覚)や耳(聴覚)，皮ふ(触覚)，舌(味覚)，鼻(嗅覚)がある。

テスト対策問題

解答は巻末にあります。

時間30分

/100

1 右の図は，ヒトの血液の循環を模式的に示したものである。
次の問いに答えよ。（→は血液の流れの向き）　　5点×5(25点)

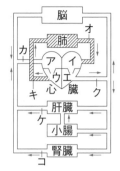

(1) 動脈血が心臓へ戻ってくるところはア～エのどれか。

（　　）

(2) 斜線部分の血液循環を何というか。　　（　　　　　）

(3) クの血管を何というか。　　　　　　　（　　　　　）

(4) キの血管を何というか。　　　　　　　（　　　　　）

(5) 二酸化炭素が最も少ない血液が流れているのは，オ～コのどの血管か。　（　　）

2 右の図はヒトの消化器官を模式的に表したものである。次
の問いに答えよ。　　　　　　　　　　　　5点×6(30点)

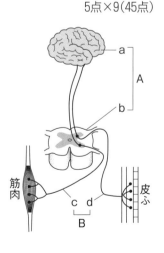

(1) ｂでつくられる消化液は何か。　　（　　　　　）

(2) 消化液の中に含まれていて，養分を分解するはたらきを
する物質を何というか。　　　　　　（　　　　　）

(3) デンプン，タンパク質は最終的に何という物質に分解さ
れるか。

デンプン（　　　　　　）　タンパク質（　　　　　　）

(4) 消化された養分を吸収するのはａ～ｇのどこか。また，
その器官の壁にある，養分を吸収する小さな突起を何というか。

記号（　　）　突起（　　　　　　）

3 右の図はヒトの体の神経系を模式的に示したものである。　　5点×9(45点)

(1) ａ～ｄ，Ａ，Ｂは下のア～カのどれを示しているか。

ａ（　　）ｂ（　　）ｃ（　　）ｄ（　　）Ａ（　　）Ｂ（　　）

ア　運動神経　　イ　感覚神経　　ウ　中枢神経

エ　末梢神経　　オ　脳　　　　　カ　脊髄

(2) ①「腕が痛かったので手をさすった」，②「熱いやかん
に手がふれ，思わず手を引っこめた」という２種類の反
応がある。このとき，①，②の刺激の信号と命令の信号
の経路を，次のア～エから選べ。　①（　　）②（　　）

ア　ａ→ｂ→ｄ　　イ　ｄ→ｂ→ｃ

ウ　ｄ→ｂ→ａ→ｂ→ｃ　　エ　ｃ→ｂ→ａ→ｂ→ｄ

(3) (2)の②のような無意識に起こる反応を何というか。　（　　　　　）

単元2

3章

単元2 生物の体のつくりとはたらき

探究活動 **無脊椎動物の体はどうなっているのか**

無脊椎動物の体はどうなっているのか

テーマ	イカの体のつくり　　ヒトとイカのつくりの共通点と相違点
	軟体動物　　外とう膜

教科書の まとめ

□イカの体の つくり	▶イカには背骨がなく，体は外(がい)とう膜(まく)で覆われている。イカの呼吸器官はえら，消化器官は，食道，胃などである。
□軟体動物	▶アサリ，マイマイ，イカなど。内臓を包みこむ外とう膜と節のないやわらかいあしがある。えら呼吸するものが多い。

教科書 p.149 **観察をしよう**

イカの体のつくりを調べてみよう

❶　イカをバットの上にのせ，あし(腕)，ひれ，目，ろうと，口など，体がどのような部分からできているかを観察する。

❷　腹側(ろうとのある側)を上にして置き，胴部(どうぶ)の外とう膜(体を覆う膜)を解剖(かいぼう)ばさみで持ち上げるようにして，正中線(せいちゅうせん)に沿って胴部の先まで切り開く。えらや，食道，胃，肝臓などについて，どのようにつながっているかなどに注目して観察する。⇨✖1, 2

腕部(わんぶ)
頭部
胴部
正中線
バット

❸　イカの口から，着色した液(食用色素など)をスポイトで注入して，その液がどこを通るか観察する。

✖1　体の腹側または背側から見たときの，頭と胴を通る中心線を正中線という。	✖2 (コツ) イカの体の中を観察するときは，正中線に沿って，胴部を切り開く。解剖ばさみの丸くなっている方を外とう膜の内側に入れて，内臓を傷つけないように気をつけて切る。

🧪 観察の結果

①右の図のような体のつくりをもつことが
確認できた。

②あしは10本で，外骨格や節はなく，吸盤
_{きゅうばん}があった。目は口の近くに２つあった。
ひれは胴部の先にあった。口にはするど
いくちばしがあった。

③えらがあり，消化管は口→食道→胃→直
腸→肛門とつながっていた。

④脊椎動物との共通点と相違点を次のよう
_{せきつい}
にまとめた。

共通点：消化器官をもっている。呼吸
器官（えら）をもっている。目を
もっている。

相違点：内骨格をもっていない。あしやひれではなく，ろうと（口）から海水
をはき出し，その推進力で移動する。外とう膜をもっている。

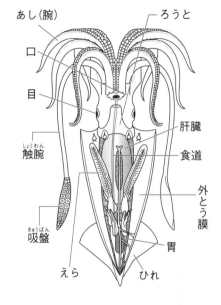

あし（腕）　ろうと　口　目　触腕　吸盤　えら　肝臓　食道　外とう膜　胃　ひれ

単元
2

探究活動

🧠 結果から考えよう

観察した結果から，イカの体のつくりが，生きていくためにどのようにはた
らいているのか考えてみよう。

→・ろうと（口）から海水をはき出して移動する。

・イカはえらで呼吸している。

・イカの体の消化管は，口→食道→胃→腸・直腸→肛門とつながっている。

・イカにも心臓はあるが小さく，その他に左右のえらの根元にえら心臓が１
つずつついていて，酸素を素早く体に送り出すことができ，激しい筋肉運
動による素早い動きを可能にしている。

・イカの目は大きく，ヒトや他の脊椎動物の目に近い構造と能力をもっている。

・イカには長い触腕があり，触腕の吸盤でえさをとらえる。その後，吸盤の
_{しょくわん}
ついたあしでえさを抱えこみ，口に運ぶ。

単元末問題

1 生物をつくる細胞

次の問いに答えなさい。

①植物の細胞にも動物の細胞にもある部分は何と何か。

②植物の細胞にあって動物の細胞にはない，植物の体を支えるために役立っている部分は何か。

解答
①核と細胞膜
②細胞壁

考え方 ①細胞には核があり，核の数はほとんどの細胞で1つである。核以外の部分を細胞質といい，細胞質の一番外側はうすい細胞膜になっている。

②植物の細胞にあって動物の細胞にはないつくりは，細胞壁，液胞，葉緑体である。細胞壁は植物の体を支えるのに役立っている。液胞は内部に貯蔵物質や不要な物質を含む液を蓄えている。葉緑体は光合成を行っている。

2 細胞と生物の体

次の問いに答えなさい。

①一つ一つの細胞では，酸素と養分をとり入れて生きるためのエネルギーをとり出し，二酸化炭素を放出している。このことを何というか。

②体が多くの細胞からできている生物をまとめて何というか。

③動物の胃や植物の葉のように，特定のはたらきを受けもっている部分のことを何というか。

解答
①細胞の呼吸
②多細胞生物
③器官

考え方 ①一つ一つの細胞では，酸素を使って養分を二酸化炭素と水に分解し，生きるためのエネルギーをとり出している。細胞のこのようなはたらきを細胞の呼吸という。

②多細胞生物に対し，体が1つの細胞で構成されている生物は単細胞生物という。単細胞生物は1つの細胞だけで運動したり，養分をとり入れたり，なかまをふやしたりしている。単細胞生物には，ゾウリムシ，ミドリムシ，ミカヅキモ，アメーバなどがいる。

③動物の胃や腸など，植物の葉や茎などはそれぞれ器官にあたる部分である。

3 植物の光合成

A，Bのような実験をそれぞれ行った。次の問いに答えなさい。

A：数時間光を当てたオオカナダモの葉を2枚とり，熱湯に数分ひたした。1枚には水を，1枚にはヨウ素液を1滴落とした後，顕微鏡で観察した。

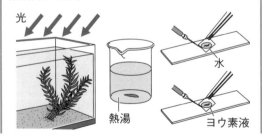

光　　熱湯　　水　　ヨウ素液

単元
2

B：試験管aにタンポポの葉を入れて息を
ふきこみ，試験管bには息だけをふきこみ，
ゴム栓をした。1時間光を当てた後，石灰
水を入れて振ったところ，aは白くにごら
なかったが，bは白くにごった。

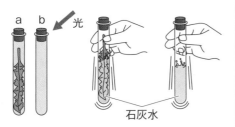

①Aで，水につけた葉の細胞の中に緑色の
小さな粒がたくさん見えた。これは何か。
②Aで，葉にヨウ素液をつけたところ，①
の色が変化した。なぜ色が変化したと考
えられるか。説明しなさい。
③Bで，石灰水を入れて振った試験管aが
白くにごらなかったのはなぜか。説明し
なさい。
④Bで，タンポポの葉を入れない試験管b
の実験を行ったのはなぜか。説明しなさ
い。
⑤光合成について以下のようにまとめた。
ア～エにあてはまることばを答えなさい。

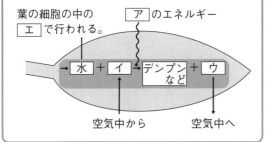

解答
①葉緑体
②デンプンがつくられたから。
③光合成で二酸化炭素が使われたた
め。

④二酸化炭素を減少させたのはタン
ポポであることを示すため。
⑤ア：光　　イ：二酸化炭素
ウ：酸素　　エ：葉緑体

考え方
①オオカナダモの葉の厚みはうす
いので，細胞の観察がしやすい。
葉が緑色に見えるのは，葉緑体があるか
らである。
②光合成は葉緑体で行われるので，デン
プンは葉緑体の中にできる。ヨウ素液と
デンプンが反応して青紫色に変わるので，
葉緑体の色も変わって見える。
③試験管aではタンポポの葉が光合成を
行ったので，二酸化炭素がほとんど残っ
ていなかったと考えられる。試験管bに
は二酸化炭素がそのまま残っている。
④タンポポの葉以外の条件を同じにして
行う別の実験を対照実験という。対照実
験の結果を比較することで，タンポポの
葉の有無によって結果にちがいが表れた
ことを説明できる。
⑤葉の気孔からとり入れた二酸化炭素と，
根から吸い上げた水を原料にして，光の
エネルギーを使ってデンプンをつくる。
このとき酸素が発生し，気孔から放出さ
れる。

4　植物の呼吸
　植物の呼吸と光合成の関係について，光
の当たる昼頃の，気体の出入りを模式的に
示した図として正しいのは，下のア～エの
どれか。

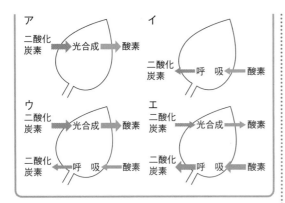

解答 ウ

考え方 昼頃は植物は光合成と呼吸の両方を行っている。光合成では二酸化炭素が使われ，酸素が出される。呼吸では酸素が使われ，二酸化炭素が出される。光合成で使われる二酸化炭素の量は，呼吸で出される二酸化炭素の量よりも多い。また，光合成で出される酸素の量は，呼吸で使われる酸素の量よりも多い。したがって，昼の植物は見かけ上は二酸化炭素をとり入れて酸素を放出するように見える。これらの関係を正しく示している模式図はウである。

5 葉のつくりとはたらき

葉のつくりについて，次の問いに答えなさい。

①図は葉の表面や断面のつくりを示している。ア～ウはそれぞれ何という部分か。

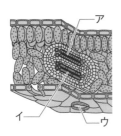

②図のアとイのつくりの集まりをまとめて何というか。

解答
① ア：道管
  イ：師管
  ウ：気孔
②維管束

考え方 ①アは水と無機養分の通り道である道管，イは葉でつくられた養分の通り道である師管である。ウの穴は気孔で，細長い2つの孔辺細胞が向かい合い，気孔を開いたり閉じたりして，気体の出入りを調節している。表皮の細胞のうち，孔辺細胞には葉緑体があるが，他の細胞には葉緑体はない。
②道管と師管を合わせて維管束という。維管束は根から茎，葉へと通っている。

6 消化と吸収

図のように，A，B2本の試験管を用意した。36℃くらいの水の中に10分間入れた後，試験管の溶液をそれぞれ2つに分けて，一方にはヨウ素液を加え，もう一方にはベネジクト液を加えて加熱した。次の問いに答えなさい。

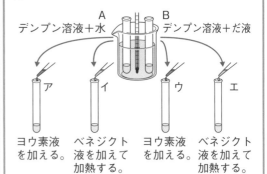

①ヨウ素液を加えたとき，変化が見られた
のはア，ウのどちらの試験管か。

②ベネジクト液を加えて加熱したとき，赤
褐色の沈殿ができたのはイ，エのどちら
の試験管か。

③この実験で，だ液のかわりに水を入れた
Ａの試験管を用意したのはなぜか。

④だ液や胃液などの消化液に含まれていて，
消化のはたらきをするものを何というか。

⑤④のはたらきで，デンプン，タンパク質，
脂肪はそれぞれ何という物質になって吸
収されるか。

⑥血液をろ過して，血液中の不要な物質を
とり除くはたらきをもつ器官を何というか。

解答
①ア
②エ
③だ液以外の条件を同じにした対照
実験と結果を比べることで，デン
プンの変化がだ液によるものであ
ることを確かめるため。
④消化酵素
⑤デンプン：ブドウ糖
タンパク質：アミノ酸
脂肪：脂肪酸とモノグリセリド
⑥腎臓

考え方 ①②アとイの試験管にはデンプン
がそのまま残っている。ウとエの
試験管ではデンプンが分解されている。
デンプンにヨウ素液を加えると，青紫色
になる。デンプンが分解されたものにベ
ネジクト液を加えて加熱すると赤褐色の
沈殿ができる。

③Ａの試験管は，デンプンの変化がだ液
によるものであることを確かめるための
もので，このような実験を対照実験とい
う。だ液のかわりに水を入れても同じ結
果になるのであれば，デンプンの変化は
だ液によるものではないということにな
る。

④だ液中の消化酵素はアミラーゼ，胃液
中の消化酵素はペプシンである。胆汁に
は消化酵素は含まれていないが，脂肪を
分解する消化酵素のはたらきを助ける性
質がある。

⑤デンプンは消化されてブドウ糖になっ
た後，小腸の柔毛から毛細血管の中に入
る。タンパク質は消化されてアミノ酸に
なった後，小腸の柔毛から毛細血管の中
に入る。脂肪は消化されて脂肪酸とモノ
グリセリドになった後，小腸の柔毛から
吸収され，再び脂肪になり，リンパ管を
通って首の下で太い血管に入る。

⑥細胞の呼吸によって生じた二酸化炭素
は血液によって運ばれ，肺で体外に排出
される。その他の血液中の不要な物質は，
水分とともに腎臓でこし出され，尿とし
てぼうこうにためられた後，体外に排出
される。

7 動物の呼吸
次の問いに答えなさい。
①肺での呼吸は，肺の下にある筋肉と，肋
骨を動かす筋肉のはたらきによって行わ
れる。肺の下にある筋肉を何というか。
②酸素と二酸化炭素の交換を行っている，

肺の中のうすい膜の袋になっている部分を何というか。

解答
①横隔膜
②肺胞

考え方
①肺には筋肉がないので自ら動くことはできない。肺の呼吸運動は、肺の下にある横隔膜や、外側の肋骨を動かす筋肉のはたらきによって行われる。
②気管支の先端は肺胞という袋になっていて、肺胞があることで空気とふれる表面積が大きくなるので、酸素と二酸化炭素の交換を効率よく行うことができる。

8 血液とその循環

図は、ヒトの心臓を模式的に表したものである。次の問いに答えなさい。

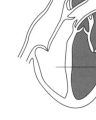

①ア〜ウはそれぞれ何というか。
②Aのような部分の名前と役割を答えなさい。
③動脈と静脈をつないでいる、細胞との物質交換を行っている細い血管の部分を何というか。
④③の中に見られる、酸素を運ぶ小さな粒を何というか。

解答
①ア：大動脈
　イ：左心房
　ウ：右心室
②弁、血液の逆流を防ぐ

③毛細血管
④赤血球

考え方
①向かって右側は、心臓の持ち主からすると左側である。また、血液が戻ってくるイのような部屋を心房といい、血液を送り出すウは心室である。よって、イは左心房、ウは右心室である。また、アは左心室からつながっていて、全身へ送り出す血液が流れる大動脈である。
②心房と心室の間や心室と動脈の間には、血液が逆流しないように弁がついている。
③動脈が枝分かれしていき、細い血管となったものを毛細血管という。毛細血管では、全体の表面積が大きくなるので、細胞との間で効率よく物質の交換を行うことができる。
④血液の成分のうち、赤血球は酸素を運び、白血球は体の中に入ってきた細菌などをとらえ、血小板は出血したときに血液を固めるはたらきをしている。二酸化炭素や不要な物質は、液体成分である血しょうに溶けて運ばれる。

9 運動器官と感覚器官

次の問いに答えなさい。
①ヒトの体の内部で、たくさんの骨が結合して組み立てられてできているつくりを何というか。
②筋肉の両端にある、骨と接続している丈夫なつくりを何というか。
③目や耳など、まわりのさまざまな状態を刺激として受けとることができる体の部

分を何というか。

①骨格
②けん
③感覚器官

①ヒトなどの動物では，体の中にたくさんの骨が結合して組み立てられている骨格がある。
②筋肉の両端には強い力が加わるので，けんという丈夫なつくりになっている。

10 神経系

図は，ヒトの神経系のつくりを模式的に表したものである。次の問いに答えなさい。

①感覚器官からの信号を脳や脊髄に伝える神経を何というか。

②脳や脊髄からの信号を筋肉へ伝える神経を何というか。

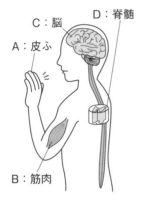
C：脳
D：脊髄
A：皮ふ
B：筋肉

③神経系は，脳や脊髄からなる部分アと，そこから枝分かれして体の隅々へ行き渡っている部分イから構成されている。それぞれ何というか。

④刺激に対して意識とは関係なく起こる反応を何というか。

⑤④の反応で，指先で刺激を受けとってから筋肉が動くまでの信号の伝わる経路を，図のA〜Dの記号を使って「A→B→…」のように表しなさい。ただし，記号は全て使わなくてもよい。

①感覚神経
②運動神経
③ア：中枢神経
　イ：末梢神経
④反射
⑤A→D→B

①感覚器官につながっている神経なので感覚神経である。
②筋肉などの運動器官につながっている神経なので運動神経である。
③神経系は脳や脊髄からできている中枢神経と，そこから出て細かく枝分かれし，体の隅々まで行き渡っている末梢神経から構成されている。
④信号が脳を経由しない反応である。
⑤指先で受けとった刺激の信号は感覚神経を通って脊髄へ伝わる。脊髄で出された命令の信号は，運動神経を通って筋肉へ伝わり，反射の反応が起こる。このとき，脊髄から脳へも刺激の信号が伝わり，反射の反応後に刺激を脳で感じる。

単元2

読解力問題

① フルーツゼリーをつくろう

解答

①アとウ

②ゼラチンに加熱したパイナップルを入れたものと，ゼラチンに加熱していないパイナップルを入れたもので実験をする。

考え方 ①ゼラチンが固まらないのがパイナップルのはたらきであることを確かめるには，パイナップルを用いない条件下で対照実験を行う必要がある。選択肢の中では，パイナップルのかわりに水を使うのが適当である。

②加熱したパイナップル，加熱していないパイナップルをゼラチンに入れた実験の結果を比較することで，ゼラチンを固めることができるのは，パイナップルを加熱したことによることを確かめることができる。パイナップルに含まれる消化酵素が，加熱によりゼラチンのタンパク質を分解するはたらきを失ったと考えることができる。

② 動物の食物と体のつくり

解答 キ

考え方 Aは目が前向きにつき，犬歯が発達しているので，肉食動物の頭骨である。Bは目が横向きにつき，臼歯が発達しているので，草食動物の頭骨である。

草に含まれる炭水化物は，デンプンやブドウ糖などとは異なり，消化されにくいため，草食動物の消化管は，肉食動物の消化管に比べてずっと長い。例えば，ネコ，ライオン，コヨーテなどの肉食動物の消化管の長さは体長の5倍程度であるのに対して，草食動物の消化管の長さは体長の10倍から20倍にもなる。このように長い消化管は，草に含まれる消化されにくい炭水化物を時間をかけて消化・吸収するのに役立っている。

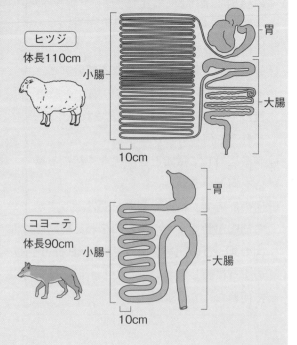

③　ヒトの反応

解答

①0.8秒

＊(65−45)÷25＝0.8〔s〕

②急ブレーキという刺激を目(感覚器官)で受け，刺激が信号に変えられ，感覚神経を通って脳に伝わった。さらに，その信号は脊髄を通って運動神経を通じてあしに伝わり，ブレーキを踏んだ。

考え方　①ブレーキを踏み始めてから止まるまでに45m進んだから，ブレーキを踏み始めるまでに進んだ距離は65−45＝20〔m〕。この20mは，前の車の急ブレーキに気づいてからブレーキを踏み始めるまでに車が進んだ距離であるから，この時間は，距離÷速さ＝時間より，20÷25＝0.8〔s〕

②Kさんのお父さんが刺激を受けて反応するまでに，(刺激)→目(感覚器官)→感覚神経→脳(判断・命令)→脊髄→運動神経→あし(運動器官)→(反応)となる。

単元3 電流とその利用

1章 電流と回路

❶ 回路の電流

テーマ
電流(大きさ，単位)　　回路
電流計の使い方　　回路図のかき方　　直列回路・並列回路に流れる電流

教科書の まとめ

□電流	▶電気の流れ。　　　　　　　　　　　　　　➡実験1

① 電流の向き

電源の+極から出て，−極に入る向きと決められている。

> **参考**
> 乾電池などの電源には+極と−極があり，+極と−極を
> 逆につなぐとモーターの回転は逆になる。発光ダイオー
> ド(LED)は，長いあしに乾電池の+極，短いあしに−極
> をつなぐと光るが，電源を逆向きにつなぐと光らなくな
> る。これらは電流に向きがあるためである。

② 電流の大きさ

電流の単位は<u>アンペア</u>(記号<u>A</u>)。電流の大きさは記号 I で表す。

□回路　　▶電流が流れるひとまわりのつながった道筋。　➡基本操作

□電流計　　▶電流をはかるところに<u>直列</u>につなぐ。　➡基本操作

mAは<u>ミリアンペア</u>と読む。

$$1\,\text{mA} = \frac{1}{1000}\text{A} = 0.001\text{A}, \quad 1\,\text{A} = \underline{1000}\text{mA}$$

□直列回路　　▶電流が流れる道筋が一本道になっているつなぎ方の回路。

□並列回路　　▶電流の流れる道筋が途中で枝分かれしているつなぎ方の回路。

□直列回路の
電流
▶回路のどの点でも，<u>電流の大きさ</u>は等しい。　➡実験2

□並列回路の
電流
▶電流の流れる道筋が枝分かれしている
部分の<u>電流</u>の大きさの和は，枝分かれ
していない部分の<u>電流</u>の大きさに等し
い。　➡実験2

$$I_ア = I_イ + I_ウ = I_エ$$

基本操作

電流計の使い方

❶ 回路をつくり，電流をはかるところに電流計を直列につなぐ。⇨✖1

回路のスイッチを切った状態にする。はかろうとするところの導線を外して，電流計の＋端子は電源の＋極側に，電流計の５Aの端子と電源の－極側をつなぐ。

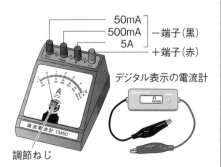

50mA
500mA ─端子（黒）
5A
＋端子（赤）

デジタル表示の電流計

調節ねじ

❷ －端子を選ぶ。⇨✖2

スイッチを入れて針の振れを確認する。針の振れが小さ過ぎるときは，スイッチを切ってから－端子につないだ導線を５Aの端子から500mA，50mAの順に，小さい方へつなぎかえる。

導線を5Aの─端子から500mA，50mAの順につなぎかえる。

─端子　＋端子

❸ 目盛りを読む。

選んだ－端子に合わせて，目盛りを読む。目盛りは正面から見て，最小目盛りの$\frac{1}{10}$まで読む。使用する－端子によって，目盛りの単位や値が異なるので気をつける。

目盛りの読み方の例

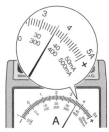

	50mA端子	500mA端子	5A端子
	50mAまではかれる	500mAまではかれる	5Aまではかれる
最小目盛り	1mA	10mA	0.1A
図の場合	36.0mA	360mA	3.60A

✖1 **注意** 電流計を電源に直接つないだり，豆電球などに並列につないだりしない。このような回路をショート回路といい，電流計に大きな電流が流れ，針が振り切れて電流計が壊れることがある。

✖2 **コツ** 電流の大きさが予想できるときは，最初から電流の大きさに合わせた－端子につないでもよい。

実験のガイド

教科書 p.164

実験1 豆電球やモーターに流れる電流の大きさ

❶ 回路をつくる。

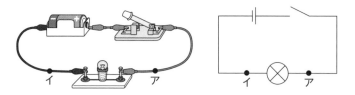

❷ 電流の大きさをはかる。

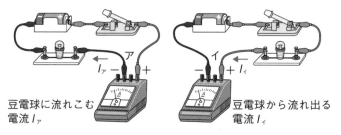

豆電球に流れこむ電流$I_ア$　　豆電球から流れ出る電流$I_イ$

❸ 豆電球をモーターにかえて，❷と同じように電流の大きさをはかる。

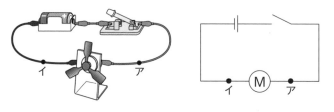

実験の結果

点アを流れる電流を$I_ア$，点イを流れる電流を$I_イ$とする。

	$I_ア$	$I_イ$
豆電球	233mA	232mA
モーター	23.0mA	24.0mA

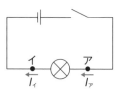

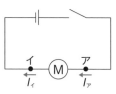

結果から考えよう

豆電球やモーターに流れこむ電流$I_ア$と流れ出る電流$I_イ$の大きさは，どのような関係があると考えられるか。

→$I_ア＝I_イ$　豆電球やモーターなど，電気器具に流れこむ電流$I_ア$と流れ出る電流$I_イ$の大きさは等しいと考えられる。

教科書 p.165

基本操作

回路図のかき方

❶ 使っている電気器具と数を確認する。

　下図左の例：電源（乾電池）1，スイッチ1，豆電球1

❷ 電気器具がつながっている順番を確認しながら，電気用図記号をかく。

　⇨✖1

❸ 電気用図記号を直線で結ぶ。⇨✖2

① → ② 電源　スイッチ　⊗ 豆電球 → ③

電源	電球	抵抗	導線の接続		スイッチ
─┤├─ （長いほうが＋極）	⊗	─▭─	─●─	─┼ ├─ （どちらでもよい。）	─＼─ （上下左右を反転させてもよい。）
電流計	電圧計	発光ダイオード （LED）	モーター		
Ⓐ	Ⓥ	◁ （−極側）（＋極側）	Ⓜ		

✖1 **コツ** 乾電池の＋極から出て−極に入るまでの道筋を順にたどるとよい。

✖2 **コツ** 導線が曲がるところは，できるだけ直角にかく。

教科書 p.168

実験のガイド

実験2 電流の大きさ

Ⓐ　直列回路

❶ 回路をつくる。

　点ア，イ，ウを流れる電流の大きさをそれぞれ$I_ア$，$I_イ$，$I_ウ$の記号で表す。

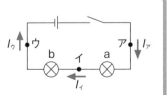

❷ 各点の電流の大きさをはかる。

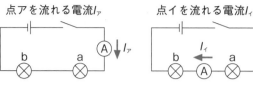

B 並列回路

❶ 回路をつくる。⇨✖1

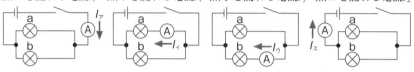

❷ 各点の電流の大きさをはかる。

点アを流れる電流$I_ア$　点イを流れる電流$I_イ$　点ウを流れる電流$I_ウ$　点エを流れる電流$I_エ$

✖1 （コツ）枝分かれしているところに端子を使うとよい。

🧪 実験の結果

A　直列回路の各点を流れる電流の大きさ

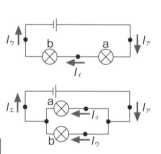

	$I_ア$	$I_イ$	$I_ウ$
電流	211mA	211mA	212mA

電流の大きさは，どこもほぼ同じ値になった。

B　並列回路　の各点を流れる電流の大きさ

	$I_ア$	$I_イ$	$I_ウ$	$I_エ$
電流	0.58A	317mA	266mA	0.58A

$I_イ+I_ウ=583$mA$=0.583$Aで，$I_ア$や$I_エ$とほぼ同じ値になった。

🧠 結果から考えよう

A　直列回路では，各点を流れる電流の大きさにどのような関係があると考えられるか。

→電流$I_ア$，$I_イ$，$I_ウ$の大きさは同じになると考えられる。

B　①並列回路では，各点を流れる電流の大きさにどのような関係があると考えられるか。

→枝分かれしていない部分の電流$I_ア$と$I_エ$は，<u>同じ</u>大きさになると考えられる。

→枝分かれしている部分の電流$I_イ$と$I_ウ$の和は，$I_ア$や$I_エ$と<u>同じ</u>大きさになると考えられる。

②直列回路と並列回路で，電流の流れ方にどのようなちがいがあると考えられるか。

→直列回路では，電流の大きさはどこも<u>等しい</u>。

→並列回路では，道筋が枝分かれしている部分の電流の大きさの<u>和</u>は，枝分かれしていない部分の電流の大きさと等しい。

教科書 p.171

演習 次の回路を流れる，電流$I_ア$，$I_イ$，$I_ウ$，$I_エ$の大きさを求めなさい。

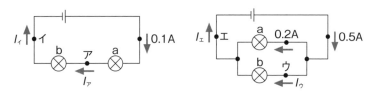

演習 の解答 $I_ア＝I_イ＝0.1A$, $I_ウ＝0.3A$, $I_エ＝0.5A$

左は直列回路なので，$I_ア＝I_イ＝0.1A$

右は並列回路なので，$I_エ＝0.5A$ $0.2＋I_ウ＝0.5A$より，$I_ウ＝0.3A$

❷ 回路の電圧

テーマ 電圧(大きさ,単位)　電圧計の使い方
直列回路の電圧　並列回路の電圧

教科書の まとめ

□電圧	▶回路に電流を流すはたらきの大きさ。単位はボルト(記号V)。電圧の大きさは記号Vで表す。
□電圧計	▶電圧をはかる部分に並列につなぐ。　**→ 基本操作**
□直列回路の電圧	▶回路の各部分に加わる電圧の大きさの和は,電源または回路全体の電圧の大きさに等しい。　**→ 実験3**
□並列回路の電圧	▶各部分に加わる電圧の大きさは,全て同じで,電源または回路全体の電圧の大きさに等しい。　**→ 実験3**

教科書
p.173

基本操作

電圧計の使い方

❶　回路をつくり,電圧をはかる部分に電圧計を並列につなぐ。⇨✖1
回路のスイッチを切った状態にする。電圧計の+端子は電源の+極側に,電圧計の300Vの端子と電源の−極側をつなぐ。

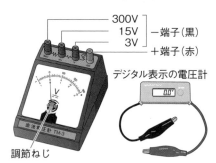

デジタル表示の電圧計

調節ねじ

❷　−端子を選ぶ。⇨✖2
スイッチを入れて針の振れを確認する。針の振れが小さ過ぎるときは,スイッチを切ってから−端子につないだ導線を300Vの端子から15V,3Vの順に,小さい方へつなぎかえる。

導線を300Vの−端子から15V,3Vの順につなぎかえる。

❸　目盛りを読む。
選んだ−端子に合わせて,目盛りを読む。目盛りは正面から見て,最小目盛りの$\frac{1}{10}$まで読む。使用する−端子によって,目盛りの値が異なるので気をつける。

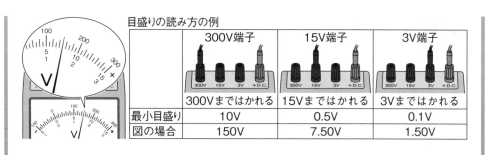

目盛りの読み方の例

	300V端子	15V端子	3V端子
	300Vまではかれる	15Vまではかれる	3Vまではかれる
最小目盛り	10V	0.5V	0.1V
図の場合	150V	7.50V	1.50V

✖1 注意 電圧計を回路に直列につなぐと，回路に電流が流れなくなってしまう。

✖2 コツ 電圧の大きさが予想できるときは，最初から電圧の大きさに合わせた一端子につないでもよい。

教科書 p.174

実験のガイド

実験3 電圧の大きさ

A 直列回路

❶ 回路をつくる。

電圧は部分で表し，イウ間の電圧ならば$V_{イウ}$と表す。

❷ 回路の各部分に加わる電圧の大きさをはかる。

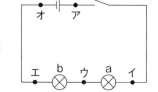

B 並列回路

❶ 回路をつくる。⇨✖1

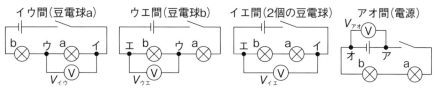

❷ 回路の各部分に加わる電圧の大きさをはかる。

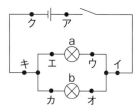
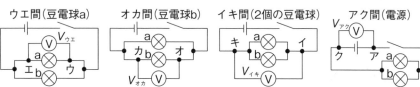

✖1 コツ 枝分かれしているところに端子を使うとよい。

🧪 実験の結果

A 直列回路の各点に加わる電圧の大きさ

	$V_{ィウ}$	$V_{ウエ}$	$V_{ィエ}$	$V_{アオ}$
電圧[V]	1.21	1.78	2.99	2.99

$V_{ィウ}＋V_{ウエ}＝\underline{2.99}$Vで，$V_{ィエ}$や$V_{アオ}$と同じ値になった。

B 並列回路の各部分に加わる電圧の大きさ

	$V_{ウエ}$	$V_{オカ}$	$V_{ィキ}$	$V_{アク}$
電圧[V]	2.98	2.98	2.98	2.98

電圧の大きさは，どこも同じ値になった。

🧠 結果から考えよう

A 直列回路では，各部分の電圧の大きさにどのような関係があると考えられるか。

→豆電球aに加わる電圧$V_{ィウ}$と豆電球bに加わる電圧$V_{ウエ}$はちがう大きさになることがわかる。

→$V_{ィウ}$と$V_{ウエ}$の和は，電源の電圧と同じ大きさになることがわかる。

B ①並列回路では，各部分の電圧の大きさにどのような関係があると考えられるか。

→電源の電圧，2個の豆電球に加わる電圧，豆電球aに加わる電圧，豆電球bに加わる電圧は全て同じ大きさになることがわかる。

②直列回路と並列回路で，電圧の加わり方にどのようなちがいがあると考えられるか。

→直列回路では，それぞれの豆電球に加わる電圧の大きさの和が，電源または回路全体の電圧の大きさに等しい。

→並列回路では，それぞれの豆電球に加わる電圧の大きさは全て同じで，電源または回路全体の電圧の大きさに等しい。

 教科書 p.177

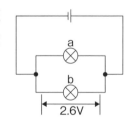

演習 豆電球a，bの並列回路で，豆電球bに加わる電圧をはかったら，2.6 V だった。豆電球aに加わる電圧の大きさは何Vか。

演習の解答 2.6V

 考え方 並列回路では，それぞれの豆電球に加わる電圧の大きさは等しい。

---

❸ 回路の抵抗

テーマ 電気抵抗(抵抗)　オームの法則　抵抗の直列つなぎ・並列つなぎ
電源装置の使い方　物質の種類と抵抗の大きさ

教科書の まとめ

□電気抵抗 (抵抗)	▶電流の流れにくさ。単位は<u>オーム</u>(記号Ω)。抵抗の大きさを記号 R で表す。 抵抗$[\Omega]=\dfrac{電圧[V]}{電流[A]}$　$R=\dfrac{V}{I}$
□オームの法則	▶回路の抵抗を流れる電流と,電圧の大きさの関係を表す法則。電流の大きさIは電圧の大きさVに<u>比例</u>する。　**→実験4** 電圧$[V]=$抵抗$[\Omega]\times$電流$[A]$　$V=RI$ 電流$[A]=\dfrac{電圧[V]}{抵抗[\Omega]}$　$I=\dfrac{V}{R}$
□導体 □絶縁体 (不導体)	▶金属などのように,電流が<u>流れやすい</u>物質。 ▶ゴムなどのように,電流が極めて<u>流れにくい</u>物質。
□半導体	▶導体と絶縁体の<u>中間</u>の性質をもつ物質。
□抵抗の直列つなぎ	▶抵抗の大きさがR_a,R_bの2個の抵抗を直列につないだ場合,全体の抵抗Rは,　$R=\underline{R_a+R_b}$
□抵抗の並列つなぎ	▶抵抗の大きさがR_a,R_bの2個の抵抗を並列につないだ場合,全体の抵抗Rは,　$\dfrac{1}{R}=\dfrac{1}{R_a}+\dfrac{1}{R_b}$

単元3

1章

教科書 p.178

基本操作

電源装置の使い方

❶ コンセントにつなぐ前に,電源スイッチが切れていて,電圧調整つまみが0の位置にあることを確認する。

❷ 電源プラグをコンセントにつなぐ。

❸ ＋端子と－端子を間違えないように注意して,回路につなぐ。

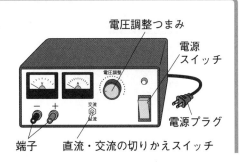

電圧調整つまみ
電源スイッチ
電源プラグ
端子　直流・交流の切りかえスイッチ

❹ 電源スイッチを入れ，直流・交流の切りかえスイッチを，直流にする。

❺ 電圧調整つまみをゆっくりと右に回し，必要な電圧の大きさにする。

❻ 使用後は，電圧調整つまみを0の位置に戻して電源スイッチを切り，電源プラグをコンセントから外す。

教科書 p.179

実験のガイド

実験4 電流と電圧の関係

❶ 回路を組み立てる。⇨ ✖1, 2

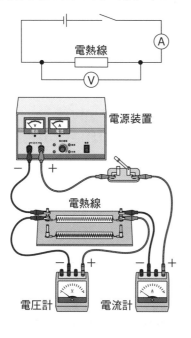

電源装置

電熱線

電圧計　　電流計

❷ 細い電熱線aを流れる電流の大きさをはかる。

電熱線に加える電圧Vを1.0V，2.0V…と変え，そのたびに電流I_aをはかる。

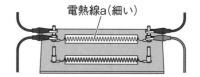

電熱線a（細い）

❸ 太い電熱線bを流れる電流の大きさをはかる。

❷と同じように，電熱線に加える電圧Vを変え，電流I_bをはかる。

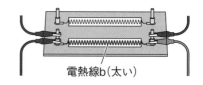

電熱線b（太い）

✖1 注意 電熱線が熱くなるので，測定するときだけスイッチを入れる。

✖2 注意 電流計は電熱線と直列に，電圧計は並列につなぐ。

🧪 実験の結果

電圧V[V]	0	1.0	2.0	3.0	4.0	5.0
電流I_a（電熱線a）	0mA	50mA	110mA	160mA	210mA	270mA
電流I_b（電熱線b）	0mA	230mA	440mA	0.68A	0.89A	1.10A

どちらの電熱線も，電圧と電流の関係を表すグラフは，原点を通る直線になった。

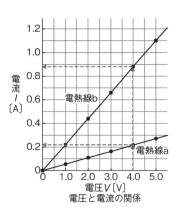

電圧と電流の関係

⚙ 結果から考えよう

①電熱線に加わる電圧と流れる電流は，どのような関係になっていると考えられるか。

→電熱線を流れる電流 I は，電圧 V に<u>比例</u>することがわかる。

②電熱線 a と電熱線 b を流れる電流の大きさに，どのような特徴があると考えられるか。

→細い電熱線 a は，太い電熱線 b よりも電流が<u>流れにくい</u>ことがわかる。

単元3 1章

教科書 p.182

 教科書p.179実験4で使った，電熱線 a と電熱線 b の抵抗の大きさは何Ωか。p.180の表で，電圧が3.0Vのときの値を用いて，小数第1位を四捨五入して求めなさい。

演習の解答　　a：19Ω　　b：4Ω

💡 **考え方**
a：160mA＝0.16Aより，$R=\dfrac{V}{I}=\dfrac{3.0\text{V}}{0.16\text{A}}=18.75$　→19Ω

b：$R=\dfrac{V}{I}=\dfrac{3.0\text{V}}{0.68\text{A}}=4.4\cdots$　→4Ω

教科書 p.185

演習 ①大きさが20Ωと30Ωの抵抗を直列につなぐと，回路全体の抵抗の大きさは何Ωになるか。

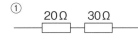

②大きさが20Ωと30Ωの抵抗を並列につないだ回路に，3Vの電圧を加えると，20Ωの抵抗に電流が0.15A流れた。回路全体の抵抗の大きさは何Ωになるか。

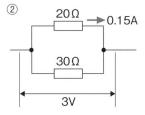

演習の解答　　①50Ω　　②12Ω

💡 **考え方**
①直列つなぎなので，20＋30＝50Ω

②30Ωの抵抗に，3V÷30Ω＝0.10Aの電流が流れる。並列回路全体には，20Ωの抵抗に流れた電流と30Ωの抵抗に流れた電流の和0.15＋0.10＝0.25Aが流れるから，回路全体の抵抗の大きさは，3V÷0.25A＝12Ω

[別解]回路全体の抵抗 R は，$\dfrac{1}{R}=\dfrac{1}{20}+\dfrac{1}{30}=\dfrac{5}{60}=\dfrac{1}{12}$ より，$R=12$Ω

❹ 電流とそのエネルギー

テーマ	電気エネルギー 　電力　 熱量　 電力量

教科書の まとめ

□電気エネルギー
▶電気のもつエネルギー。

> **知識**
> 光や熱，音を発生させたり，ものを動かしたりするはたらきができることを，エネルギーをもつという。

□電力
▶1秒当たりに消費する電気エネルギーの大きさ。単位はワット(記号W)。　　→ **実験5**

電力[W]＝電圧[V]×電流[A]

1Vの電圧を加え，1Aの電流を流したときの電力が1W。

□熱量
▶物質に出入りする熱の量。単位はジュール(記号J)。　　→ **実験5**

□電流によって発生する熱量
▶1Wの電力で電流を1秒間流すと，1Jの熱が発生する。

熱量[J]＝電力[W]×時間[s]　　→ **実験5**

> **参考**
> 1Jは，1gの水を約0.24℃上昇させるのに必要な熱量である。熱量の単位には，カロリー(記号cal)も使われる。1gの水を1℃上昇させるのに必要な熱量は，1calである。1cal＝約4.2J

□電力量
▶電力を使ったときに消費した電気エネルギーの量。単位はジュール(記号J)。　　→ **やってみよう**

電力量[J]＝電力[W]×時間[s]

1Wの電力で電気を1秒間使ったときの電力量が1J。

> **参考**
> 電力量の単位にはワット秒(記号Ws)やワット時(記号Wh)，キロワット時(記号kWh)なども使われる。
> 1J＝1W×1s，1Ws＝1J
> k＝1000，1h＝(60×60)sより，
> 1Wh＝1W×(60×60)s＝3600Ws＝3600J，
> 1kWh＝1000Wh

教科書 p.187

実験のガイド

実験5 電力と熱量の関係

❶ 装置を組み立て，最初の水の温度をはかる。

温度計の示す値が変化しなくなったことを確認し，水の温度をはかる。

❷ 電圧を加えて電流を流す。

一定の大きさの電圧を加えて，電流の大きさをはかる。班ごとに，3.0V~6.0Vの間で，電圧の大きさを分担して実験を行う。

❸ 1分ごとに水の温度をはかる。

電圧と電流の大きさが変化しないことを確認する。ガラス棒で水をゆっくりかき混ぜながら，1分ごとに5分間，水の温度をはかる。➡✖1

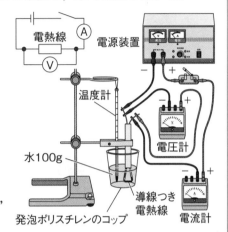

✖1 （注意）大きな電流が流れてスイッチが熱くなるので，周囲にものを置いたり触ったりしないよう注意する。

実験の結果

A 電流を流した時間と水の上昇温度との関係

1班の場合

電圧3.0V　電流0.72A

電力（電圧×電流）2.2W

時間〔分〕	0	1	2	3	4	5
水の温度〔℃〕	13.8	14.0	14.3	14.7	15.0	15.3
水の上昇温度〔℃〕	0	0.2	0.5	0.9	1.2	1.5

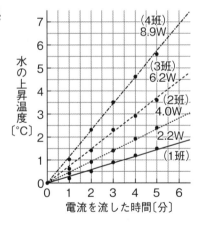

→水の上昇温度は，電流を流した時間に比例した。

（右の図のグラフは，1班の結果に加え，2班…4.0W，3班…6.2W，4班…8.9Wの実験結果を表したもの）

B 各班の電力の大きさと，5分後の水の上昇温度との関係

	1班	2班	3班	4班
電圧〔V〕	3.0	4.0	5.0	6.0
電流〔A〕	0.72	1.00	1.23	1.49
電力〔W〕	2.2	4.0	6.2	8.9
5分後の水の上昇温度〔℃〕	1.5	2.4	3.6	5.6

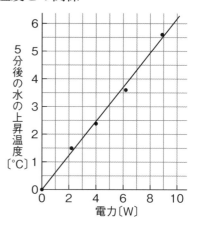

→5分後の水の上昇温度は，電力の大きさに
比例した。

 結果から考えよう

①電流を流した時間と熱量には，どのような関係があると考えられるか。

→電力が一定の場合，電熱線から発生する熱量は，電流を流した時間に比例することがわかる。

②電力の大きさと熱量には，どのような関係があると考えられるか。

→電流を流す時間が一定の場合，電熱線から発生する熱量は，電力の大きさに比例することがわかる。

教科書 p.189 **やってみよう**

電気器具の電力量や消費電力について考えてみよう

❶ 電気器具の消費電力を調べる。

❷ 電力量を計算する。
器具の使用時間を調べ，1日や1か月(30日)に消費する電力量を求める。

❸ 消費電力が大きい電気器具の共通点を考える。

電気器具	消費電力	1日の使用時間	1日の電力量	1か月の電力量
テレビ	100W	4 h	0.4kWh ⇨✖1	12kWh ⇨✖2
冷蔵庫		24h		

✖1　0.4kWh＝400Wh

✖2　12kWh＝12000Wh

🗻 **やってみようのまとめ**

計算例：

・テレビ　　　：1日の電力量＝100W×4h＝400Wh＝0.4kWh

　　　　　　　　1か月の電力量＝0.4kWh×30日＝12kWh

・冷蔵庫　　　：1日の電力量＝50W×24h＝1200Wh＝1.2kWh

　　　　　　　　1か月の電力量＝1.2kWh×30日＝36kWh

・ドライヤー：1日の電力量＝$1200W×\frac{10}{60}h$＝200Wh＝0.2kWh

　　　　　　　1か月の電力量＝0.2kWh×30日＝6kWh

電気器具	消費電力	1日の使用時間	1日の電力量	1か月の電力量
テレビ	100W	4h	0.4kWh	12kWh
冷蔵庫	50W	24h	1.2kWh	36kWh
洗濯機	300W	30min	0.15kWh	4.5kWh
掃除機	400W	30min	0.2kWh	6kWh
エアコン	1000W	2h	2kWh	60kWh
照明器具（合計）	400W	6h	2.4kWh	72kWh
ドライヤー	1200W	10min	0.2kWh	6kWh
電子レンジ	1200W	20min	0.4kWh	12kWh
炊飯器	500W	30min	0.25kWh	7.5kWh

・消費電力が大きい電気器具は，使用時間が短いものが多かった。

・使用時間が長く消費電力が小さい電気器具(冷蔵庫，照明器具)で，1日の電力量，1か月の電力量が大きかった。

・エアコンなど，季節により大きく使用時間が変動するものがあるので，年間の電力量も出して比較してみる必要がある。

教科書 p.190

演習 ①消費電力1200Wの電気ケトルを1分間使って湯を沸かしたとき，消費した電力は何Jか。

②消費電力が30Wのノートパソコンを40分間使ったときと①を比べて，消費した電力量が大きいのはどちらか。

演習 の解答　①72000J　②どちらも消費した電力量は同じ。

①1200W×60s＝72000J
②ノートパソコンの消費した電力量は，30W×(40×60)s＝72000J
となり，①の電気ケトルの消費した電力量と同じになる。

章末問題

①電流の単位と電圧の単位は，それぞれ何か。

②オームの法則とは，どのような法則か。

③100Vの電源につなぐと５Ａの電流が流れるトースターの消費電力は何Wか。

④２Wの電力で電熱線に３分間電流を流したとき，電熱線から発生する熱量は
　何Jか。

解答　①電流：アンペア（A）　電圧：ボルト（V）

②回路を流れる電流の大きさは電圧の大きさに比例するという関係
　（抵抗が一定のとき，抵抗に流れる電流は抵抗に加えた電圧に比
　例するという関係）

③500W

④360J

①ミリアンペア（mA）も使うが，電流の単位としてはアンペア（A）
を答える。

②オームの法則を式で表すと，電圧〔V〕＝抵抗〔Ω〕×電流〔A〕　$V=RI$

③電力〔W〕＝電圧〔V〕×電流〔A〕より，100V×5A＝500W

④熱量〔J〕＝電力〔W〕×時間〔s〕より，2W×(3×60)s＝360J

テスト対策問題

解答は巻末にあります。

時間30分 ／100

1 右の図のように，同じ豆電球を使って2通りのつなぎ方をした。次の問いに答えよ。

7点×3(21点)

(1) AとCの豆電球では，どちらが明るく点灯するか。　（　　　）

(2) ①図1のような回路，②図2のような回路をそれぞれ何というか。

①（　　　　　）　②（　　　　　）

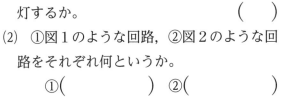
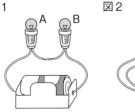
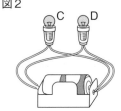

2 電流や電圧の大きさについて，次の問いに答えよ。

6点×5(30点)

(1) 図1の回路で，A点の電流の大きさが360mA，C点の電流の大きさが200mAのとき，B，D，E，F点の電流の大きさを求めよ。

B点（　　　　　）　D点（　　　　　）
E点（　　　　　）　F点（　　　　　）

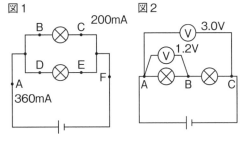

(2) 図2の回路で，AC間の電圧が3.0V，AB間の電圧が1.2Vのとき，BC間の電圧は何Vか。　（　　　　　）

3 右のグラフは，2本の電熱線AとBに電圧を加えたときの，それぞれに流れる電流の大きさを表している。次の問いに答えよ。　7点×3(21点)

(1) 電熱線AとBの抵抗はそれぞれ何Ωか。

A（　　　　　）　B（　　　　　）

(2) 電熱線AとBを直列につないだときの全体の抵抗は何Ωか。　（　　　　　）

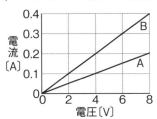

4 右の図のような装置で，水100gをあたためた。次の問いに答えよ。

7点×4(28点)

(1) 電圧計が8.0V，電流計が2.0Aを示したとき，電熱線の抵抗は何Ωか。　（　　　　　）

(2) (1)のとき，電熱線で消費した電力は何Wか。　（　　　　　）

(3) 2分間電流を流したとき，電熱線からの発熱量は何Jか。　（　　　　　）

(4) 1gの水を1℃上昇させるのに必要な熱量はおよそ何Jか。　（　　　　　）

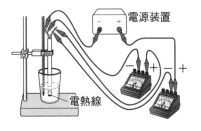

単元3 電流とその利用

2章 電流と磁界

① 電流がつくる磁界

テーマ 磁界　磁界の向き　磁力線
まっすぐな導線，円形の導線，コイルを流れる電流がつくる磁界

教科書の まとめ

□磁力　▶磁石や電磁石の力。

□磁界　▶磁力のはたらく空間。　　　→ やってみよう

□磁界の向き　▶磁界の中に置いた方位磁針のN極が指す向き。　→ やってみよう

□磁力線　▶磁界の向きを順につないでできる線。N極から出てS極に入る向きに矢印で表す。　→ やってみよう

□電流がつくる磁界　▶導線やコイルに電流を流すと，まわりに磁界が生じる。

→ 実験6

真っすぐな導線を流れる電流がつくる磁界	コイルを流れる電流がつくる磁界
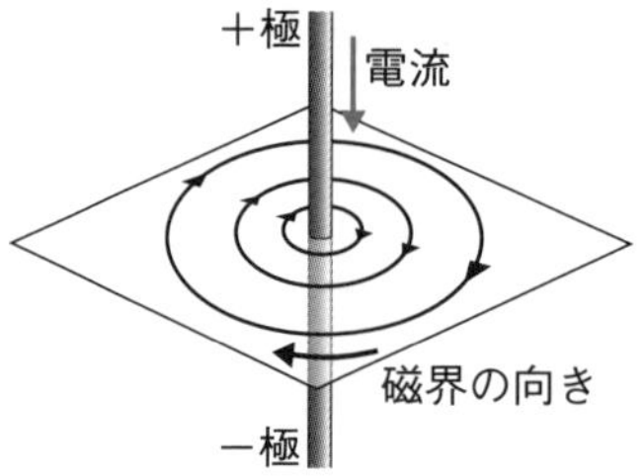 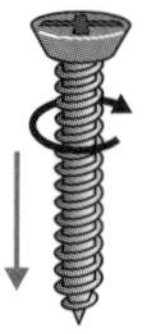	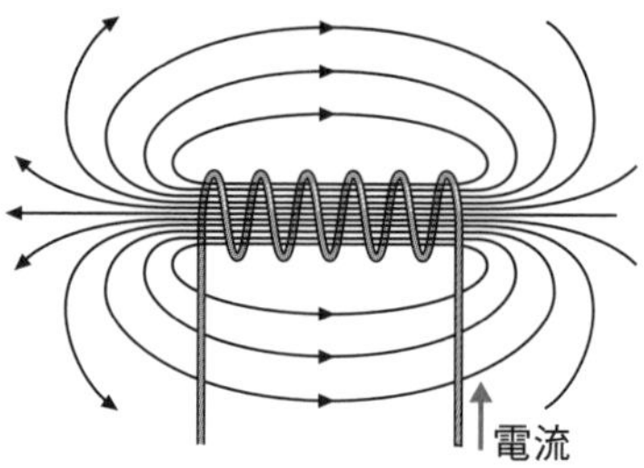 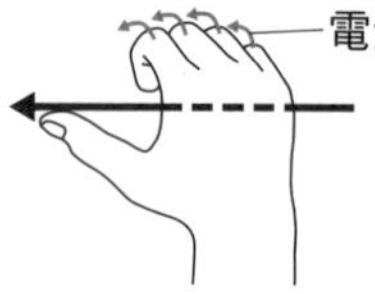
・磁界の向きは，電流の向きで決まる。 ・磁界の強さは，電流が大きいほど強く，導線に近いほど強い。 ・磁力線の形は，導線を中心とした円状になる。	・磁界の向きは，電流の向きで決まる。 ・磁界の強さは，電流が大きいほど強く，コイルの巻数が多いほど強い。 ・コイルに鉄心を入れると，磁界は強くなる。

やってみよう

磁界のようすを調べてみよう

A 棒磁石 ⇨ ✖1, 2

鉄粉の入ったケースを棒磁石の上に静かに置き，ケースを軽くたたき，できた模様をスケッチする。

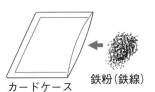

カードケース　鉄粉（鉄線）

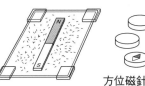

方位磁針を置き，方位磁針が指す向きを記録する。

B 電磁石 ⇨ ✖3

❶ 鉄粉の入ったケースを電磁石の上に置き，電流を流してケースを軽くたたき，できた模様をスケッチする。

❷ 電流の向きを変えて❶の実験を行う。

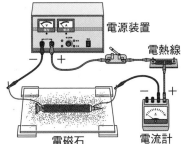

電源装置
電熱線
電磁石
電流計

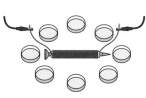

方位磁針を置き，方位磁針が指す向きを記録する。

✖1 注意 鉄粉や鉄線が目に入らないよう注意する。

✖2 注意 鉄線が指に刺さらないよう注意する。

✖3 注意 大きな電流が流れて電磁石が熱くなるので，模様が見えたらスイッチを切る。

やってみようのまとめ

A 棒磁石

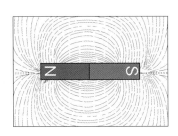

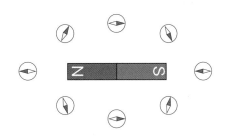

→模様は磁力線のようすを表している。磁力線はN極から出てS極に入る向きに矢印で表し，この向きが磁界の向きを表している。

B 電磁石

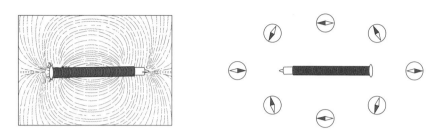

→磁石や電流の向きを変えると，磁界の向きが逆になる。したがって，方位磁針のN極が指す向きも逆になる。

教科書
p.195

実験のガイド

実験6 電流がつくる磁界

❶ 実験装置を組み立てる。

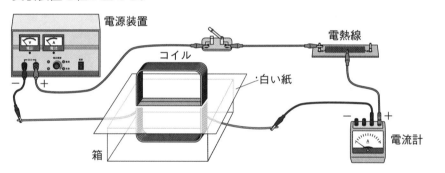

❷ 鉄粉の模様のようすを調べる。

コイルのまわりに鉄粉を一様にまき，電流を流して紙を軽くたたく。模様ができたらスイッチを切ってスケッチする。⇨✖1

❸ 磁界の向きを調べる。

コイルのまわりに方位磁針を置き，電流を流してそれぞれの方位磁針が指す向きを記録する。

❹ 電流の向きを変えて，❷～❸を調べる。

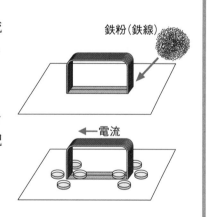

✖1 コツ 強くたたくと鉄粉がまとまって模様がわかりにくくなるので，軽くたたく。

🧪 実験の結果

❷❸　コイルに電流を流すと，鉄粉の模様ができて方位磁針が振れた。鉄粉の
模様は，導線のまわりに円形にできた。コイルから離れたところは，鉄粉の
模様がはっきりせず，方位磁針はあまり振れなかった。

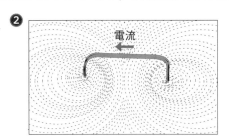

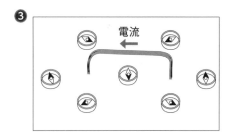

❹　❷の鉄粉の模様は変わらないが，❸の方位磁針の指す向きは逆になった。

🧠 結果から考えよう

①電流を流すと，コイルのまわりにどのような磁界ができると考えられるか。

→電流が流れている導線のまわりの磁力線は，円形になることがわかる。コイ
ルから離れると，磁界が弱くなることがわかる。

②電流の向きと磁界の向きは，どのような関係になっていると考えられるか。

→コイルを流れる電流の向きが逆になると，磁界の向きも逆になることがわか
る。

❷ 電流が磁界から受ける力

テーマ	電流が磁界から受ける力
	モーター

教科書の まとめ

□電流が磁界から受ける力

▶磁界の中を流れる電流は，磁界から力を受ける。 → **実験7**

① 力の向きは，電流の向きと磁界の向きの両方に垂直である。

② 電流の向きや磁界の向きを逆にすると，力の向きは逆になる。

③ 電流を大きくしたり，磁界を強くしたりすると，力は大きくなる。

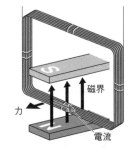

□モーター

▶軸のまわりのコイルを流れる電流が磁界からの力を受けることで回転する装置。

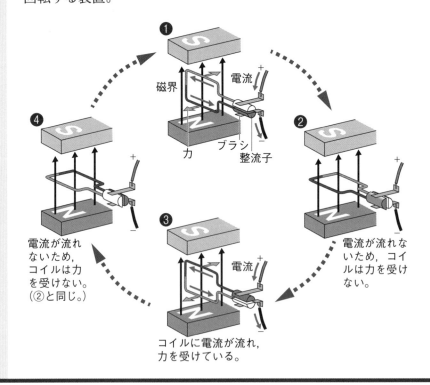

❶ 磁界 電流 力 ブラシ 整流子

❷ 電流が流れないため，コイルは力を受けない。

❸ コイルに電流が流れ，力を受けている。 電流

❹ 電流が流れないため，コイルは力を受けない。（②と同じ。）

実験のガイド

実験7 電流が磁界から受ける力

❶ 実験装置を組み立てる。

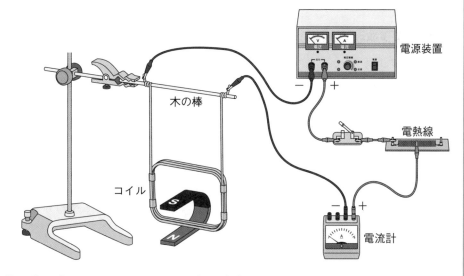

❷ ⓐとⓑのように，コイルに流す電流の
向きを変えて，コイルが受ける力の向き
を調べる。⇨✖1

❸ ⓒとⓓのように，磁界の向きを変えて，
コイルが受ける力の向きを調べる。

❹ 電流の大きさを変えて，❷〜❸を調べる。

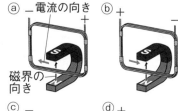

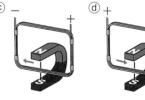

✖1 コツ 真横から見てどちらに動くか観察する。

実験の結果

❷ ⓐとⓑのように，コイルに
流す電流の向きを逆にすると，
コイルが動く向きは逆になっ
た。

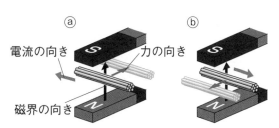

❸ ⓒとⓓのように，磁界の向きを逆にすると，コイルが動く向きは逆になった。

❹ コイルに流す電流を大きくすると，コイルは大きく動いた。

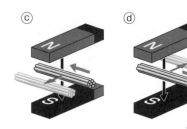

ⓒ　ⓓ

 結果から考えよう

コイルが動くことから，磁界の中でコイルに電流を流すとコイルが力を受けることがわかる。

①力の向きは，電流や磁界の向きとどのような関係になっていると考えられるか。

→力の向きは，電流の向きや磁界の向きによって変化することがわかる。

②力の大きさは，電流の大きさとどのような関係になっていると考えられるか。

→力の大きさは，電流の大きさによって変化することがわかる。

教科書
p.200

発展

フレミングの左手の法則

右の図のように左手を開いたとき，人差し指を磁界の向き，中指を電流の向きに合わせると，親指の向きが力の向きになる。これをフレミングの左手の法則という。

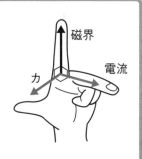

磁界
電流
力

❸ 電磁誘導と発電

電磁誘導　誘導電流　直流と交流　周波数
検流計の使い方

教科書の まとめ

□**検流計**
▶わずかな電流でも検知できる鋭敏な電流計。　**→基本操作**

□**電磁誘導**
▶コイルの中の磁界が変化したときに，コイルに電流を流そうとする電圧が生じる現象。　**→実験8**

> **参考**
> 発電所では，電磁誘導を利用して，発電機で発電している。

□**誘導電流**
▶電磁誘導によって流れる電流。　**→実験8**
　① 誘導電流の大きさ
　　・磁界の変化が大きいほど<u>大きい</u>。
　　・磁界が強いほど<u>大きい</u>。
　　・コイルの巻数が多いほど<u>大きい</u>。
　② 誘導電流の向き
　　・磁界の向きを逆にすると，<u>逆</u>になる。
　　・磁石を動かす向きを逆にすると，<u>逆</u>になる。

> **知識**
> 磁石またはコイルを速く動かすと，磁界の変化が大きくなり，誘導電流の大きさも大きくなる。

□**発電機と
　モーター**
▶発電機もモーターも，コイルの中の<u>磁界</u>が変化しているため，発電機をモーターとして使ったり，モーターで発電したりできる。

> **参考**
> 電気自動車や電車には，モーターで車輪を回転させたり，発電したりするしくみのものがある。

□**直流**
▶流れる向きが一定で変わらない電流。**例**乾電池

□**交流**
▶流れる電流の向きが周期的に変わる電流。**例**家庭のコンセント

□**周波数**
▶交流が流れるとき，電流の向きの周期的な変化が1秒間に繰り返す回数。単位は<u>ヘルツ</u>(記号<u>Hz</u>)

教科書 p.202

基本操作

検流計の使い方

電流計と同じように，回路に<u>直列</u>につなぐ。⇨✖1

・電流が＋端子から検流計へ流れこむと，<u>＋側</u>に針が振れる。

・電流が－端子から検流計へ流れこむと，<u>－側</u>に針が振れる。

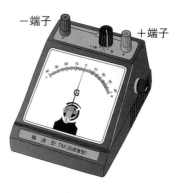

＋端子

－端子

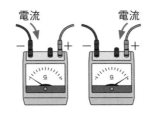

電流　　　　電流

✖1 **注意** 検流計は，磁界の影響を受けるので，磁石やコイルから離して使う。

教科書 p.203

実験のガイド

実験8 電磁誘導

❶ 実験装置を組み立て，磁石とコイルを使って誘導電流を発生させる。

❷ 誘導電流について，ⓐとⓑを変える方法を調べる。⇨✖1

ⓐ電流の大きさ

ⓑ電流の向き

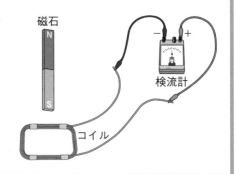

磁石

検流計

コイル

✖1 **注意** 検流計に磁石を近づけないように気をつける。

🧪 実験の結果

変えた条件	ⓐ誘導電流の大きさ	ⓑ誘導電流の向き
磁石の向き	変わらなかった。	N極をS極に変えると，逆になった。
磁石を動かす向き	変わらなかった。	磁石を入れるときと出すときでは，逆になった。
磁石(コイル)を動かす速さ	ゆっくり出し入れするより，速く出し入れした方が大きくなった。	変わらなかった。
磁石の強さ	弱い磁石より，強い磁石にした方が大きくなった。	変わらなかった。
コイルを動かす向き	変わらなかった。	コイルを近づけるときと遠ざけるときでは，逆になった。
コイルの巻数	巻数の少ないコイルより，巻数の多いコイルの方が大きくなった。	変わらなかった。

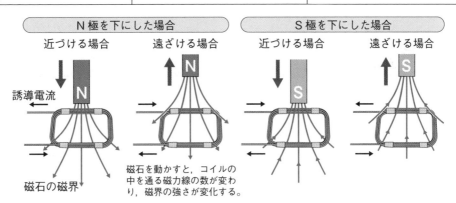

| N極を下にした場合 | | S極を下にした場合 | |
| 近づける場合 | 遠ざける場合 | 近づける場合 | 遠ざける場合 |

誘導電流

磁石の磁界

磁石を動かすと，コイルの中を通る磁力線の数が変わり，磁界の強さが変化する。

🧠 結果から考えよう

誘導電流は，磁石やコイルを動かしている間だけ流れると考えられる。

①誘導電流の大きさは，何に関係していると考えられるか。

→磁石やコイルを動かす速さ，磁石の強さ，コイルの巻数。

②誘導電流の向きは，何に関係していると考えられるか。

→磁界の向き，磁石やコイルを動かす向き。

やってみよう

スピーカーをマイクにしてみよう

❶　スピーカーをつくる。

ペットボトルのふたにエナメル線を50回程度巻いて，テープでとめる。

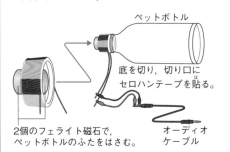

ペットボトル

底を切り，切り口にセロハンテープを貼る。

2個のフェライト磁石で，ペットボトルのふたをはさむ。

オーディオケーブル

❷　スピーカーで音を聞く。

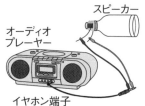

スピーカー

オーディオプレーヤー

イヤホン端子

❸　スピーカーをマイクにする。

❶のスピーカーをオーディオプレーヤーのマイク端子につなぎ，マイクにする。

やってみようのまとめ

❷　オーディオスピーカーのスイッチを入れると，スピーカーから音が出る。

❸　マイクに向かって声を出すと，オーディオプレーヤーから声が出る。

実験のガイド

直流と交流のちがいを調べる実験

色の異なる2個の発光ダイオードを逆向きにつないで実験すると，直流と交流のちがいがわかる。⇨✖1

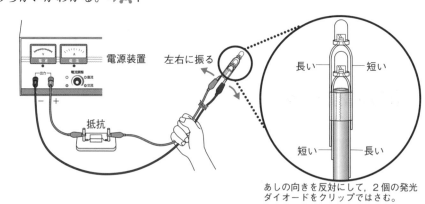

電源装置

左右に振る

長い　短い

短い　長い

抵抗

あしの向きを反対にして，2個の発光ダイオードをクリップではさむ。

✖1　電圧を大きくし過ぎると，発光ダイオードが壊れるので注意する。

やってみようのまとめ

ⓐ直流を流したとき

ⓑⓐと逆向きに直流を
流したとき

ⓒ交流を流したとき

　暗い部屋で電流を流した発光ダイオードを振ると，上の図のようになる。

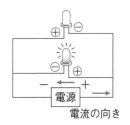

電流の向き　　　　　　　　　　　　　　　　電流の向き

　直流では電流の向きが変わらないので，右の図のように，一方の発光ダイオードだけが光り，電流の向きを変えると，光る発光ダイオードが変わる。

　交流では，電流の向きが周期的に変化するので，交互に光る。

教科書 p.208

Science Press

発電所から送られる電気

電気を遠くまで送るには，電圧が高い(大きい)方が電気エネルギーの損失を<u>少なく</u>できる。そのため，発電所からは電圧の高い電気が送られている。そして，変電所や変圧器で適した電圧に<u>下げて</u>供給される。

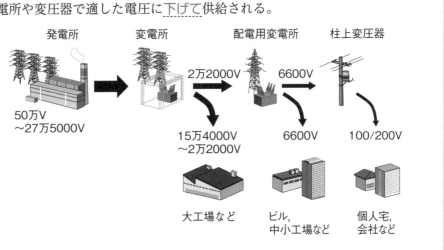

単元3

2章

章末問題

①磁力のはたらく空間を何というか。

②電流が流れている1本の導線のまわりには，どのような向きの磁界ができるか。

③コイルに磁石を近づけると，コイルに電圧が生じて電流が流れた。この現象を何というか。

④直流と交流のちがいを答えなさい。

 解答

①磁界

②磁力線が導線を中心とした円状になるように磁界ができる。電流の流れる向きと磁界の向きとの関係は，ねじの進む向きに電流を流したとき，ねじの回る向きが磁界の向きになる。

③電磁誘導

④直流は，電流の流れる向きが一定で変わらない。交流は電流の流れる向きが周期的に変わる。

 考え方

①磁力とは，磁石や電磁石の力のことである。

②磁界のようすは，鉄粉をまいて模様を観察することで確認できる。磁界の向きは，方位磁針のN極の指す向きで観察することができる。

③コイルの中の磁界が変化することにより，電圧が生じ，コイルに電流が流れる現象を電磁誘導という。発電機は電磁誘導を利用している。

④乾電池から流れる電流は直流である。家庭のコンセントから流れる電流は交流である。

テスト対策問題

解答は巻末にあります。

時間30分
/100

1 下の図の○の位置に方位磁針を置いた。このときの方位磁針のN極が指す向きはどのようになるか。右の①～⑤の○に方位磁針をかき入れよ。　　　6点×5(30点)

2 右の図の装置で電流を流すと，銅線は㋐の向きに動いた。次の問いに答えよ。7点×4(28点)

(1) 電流の向きを変えると，銅線は，㋐，㋑のどちらに動くか。　　　　　（　　）

(2) 電流を大きくすると，銅線の動きはどのようになるか。　　（　　　　　　）

(3) 図のU字形磁石の置き方を逆にして，上にS極がくるようにした。銅線は，㋐，㋑のどちらに動くか。　　　　　　　（　　）

(4) この現象を利用しているものは，次のア～エのどれか。　　　　　　　（　　）

　ア　電磁石　　イ　発電機　　ウ　モーター　　エ　内燃機関

3 右の図のようにして，コイルの上から棒磁石のN極を近づけたら，検流計の針が右に振れた。次の問いに答えよ。　　　　　6点×7(42点)

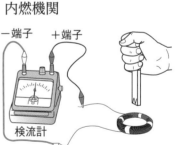

(1) N極を近づけたまま静止した。検流計の針の振れはどのようになるか。　（　　　　　　）

(2) しばらくして，棒磁石を持ち上げ，コイルからN極を遠ざけた。検流計の針の振れはどうなるか。　（　　　　　　　）

(3) 棒磁石またはコイルを動かして，コイルの中の磁界を変化させると，コイルに電流を流そうとする電圧が生じる。このような現象を何というか。　（　　　　　）

(4) (3)の現象で流れる電流を何というか。　　　　　　　　（　　　　　）

(5) (4)の電流を大きくする方法を3つ答えよ。

（　　　　　　　　　　　　　　　　　　　）
（　　　　　　　　　　　　　　　　　　　）
（　　　　　　　　　　　　　　　　　　　）

単元3

2章

単元3 電流とその利用

3章 電流の正体

① 静電気と力

テーマ 静電気　電気の力

教科書の まとめ

□静電気 ▶物体にたまった電気。

□電気の力 ▶電気の間ではたらく力。電気には＋と－の2種類がある。同じ種類の電気は退け合い，異なる種類の電気は引き合う。

→ 実験9

参考

コピー機は，電気の力を利用してトナー(インクの粉)を紙に転写している。

□静電気が生じるしくみ ▶物体を摩擦すると，－の電気を帯びた粒子(電子)が，一方の物体へ移動し，一方の物体が＋の電気を帯び，もう一方が－の電気を帯びる。

静電気が生じるしくみ

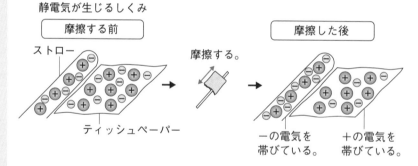

知識

ストローをティッシュペーパーで摩擦すると，電子がティッシュペーパーからストローへ移動し，ストローは－の電気を帯び，ティッシュペーパーは＋の電気を帯びる。

教科書 p.211 実験のガイド

実験9 電気の力

❶ 摩擦して，ストローに静電気をためる。ティッシュペーパーで2本の太いストローを摩擦して，静電気をためる。

ティッシュペーパー

❷ 摩擦したストローどうしの間にはたらく力を調べる。❶のストローを図のように固定し，そこにもう1本のストローを近づける。

❸ ティッシュペーパーとストローの間にはたらく力を調べる。❷で固定したストローに，摩擦するのに使った❶のティッシュペーパーを近づける。

細いストローに太いストローを差しこむ。

洗濯ばさみ

静電気のたまった太いストロー

ティッシュペーパー

🧪 **実験の結果**

❷ 固定したストローにストローを近づけたとき，退け合った。

❸ 固定したストローにティッシュペーパーを近づけたとき，引き合った。

🧠 **結果から考えよう**

①静電気がたまった物体の間では，どのような力がはたらくと考えられるか。

→磁石のように退け合ったり引き合ったりする力がはたらくと考えられる。

②静電気には，どのような性質があると考えられるか。

→同じ種類の電気の間では，<u>退け合う</u>力がはたらくと考えられる。

→異なる種類の電気の間では，<u>引き合う</u>力がはたらくと考えられる。

同じ種類の電気

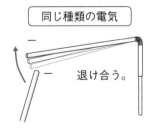

退け合う。

異なる種類の電気

引き合う。

単元3

3章

② 静電気と放電

テーマ
放電　　火花放電　　真空放電
誘導コイル

教科書の まとめ

□放電（ほうでん）	▶たまっていた電気が流れ出たり，電気が空間を移動したりする現象。

参考
摩擦して静電気をためた下敷き（したじき）にネオン管をつけると，静電気がネオン管を流れ一瞬（いっしゅん）光る。

□火花放電	▶空気中で起こる，音と光をともなう放電。

例 雷（かみなり），乾燥した冬の日に服を脱（ぬ）ぐとパチパチと音がする現象

□真空放電（しんくうほうでん）	▶気圧を極めて低くした空間を通って電流が流れる現象。

例 放電管（ネオン管，蛍光灯（けいこうとう））

□誘導（ゆうどう）コイル	▶数万V程度の大きな電圧を発生させることができる装置。

教科書 p.213 やってみよう

静電気で蛍光灯を点灯させてみよう

❶　ポリ塩化ビニルの管をティッシュペーパーなどで摩擦して，静電気をためる。

ポリ塩化ビニルの管
摩擦する。
ティッシュペーパー

❷　静電気をためたポリ塩化ビニルの管を，蛍光灯に近づける。
⇨✖1

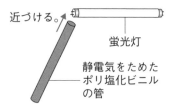

近づける。
蛍光灯
静電気をためたポリ塩化ビニルの管

✖1　注意 蛍光灯を落として割らないように気をつける。

やってみようのまとめ

蛍光灯が一瞬光った。このことから，ポリ塩化ビニルにたまった電気を帯びた粒子（電子）が蛍光灯に流れて電流になったと考えられる。

③ 電流と電子

テーマ
電子　　電子線
真空放電管(クルックス管)　　電子の流れと電流の向き

教科書の まとめ

□電子

□電子線

□真空放電管

▶ −の粒子を帯びた小さな粒子。

→ やってみよう

▶ 電子の流れ。かつては，陰極線とよばれた。

▶ クルックス管という。誘導コイルで大きな電圧を加えると，電子の流れ(電子線)が確認できる。電子線は−の電気をもっているため，電圧を加えたり，磁石を近づけると曲がる。

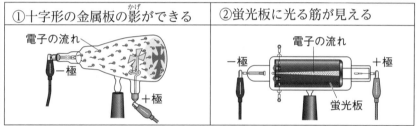

〈上下方向の電極板に電圧を加えたとき〉

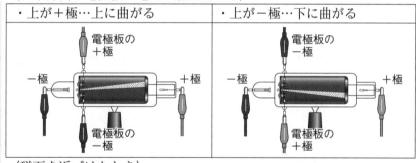

〈磁石を近づけたとき〉

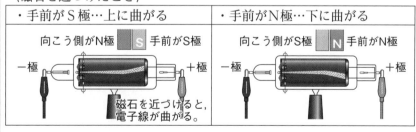

□電子の流れと電流の向き

▶ 電子は−極から＋極の向きに移動する。電流の流れる向きとは逆向き。

❹ 放射線とその利用

テーマ　放射線　　放射性物質
　　　　放射線の観察

教科書の まとめ

□放射線（ほうしゃせん）
▶α線（アルファ），β線（ベータ），γ線（ガンマ），X線（エックス）などの種類があり，次の性質がある。

① 目に見えない。

② 物体を通り抜ける（透過性（とうか））。

透過性が強い順に，（γ線，X線）＞β線＞α線。レントゲン撮影（さつえい），CTによる医療診断（いりょうしんだん），空港の手荷物検査，工業製品の検査などに利用されている。

③ 原子の構造を変える。

プラスチックやゴムの品質（耐熱性（たいねつ），耐水性，耐衝撃性（しょうげき），かたさなど）の向上などに利用されている。

□放射性物質（ほうしゃせいぶっしつ）
▶放射線を放つ物質。放射性物質が放射線を出す能力を放射能という。

□シーベルト
▶放射線が人体に与（あた）える影響を表すときの，放射線の量の単位（記号Sv）。1 mSv（ミリシーベルト）＝0.001Sv

教科書 p.220

やってみよう

放射線を観察してみよう

霧箱（きりばこ）で，自然放射線を観察したり，鉱物などの放射性物質を入れたときのようすを観察したりしてみよう。

霧箱

放射性物質

やってみようのまとめ

飛行機雲のような白いあとが観察された。これは放射線が通ったところである。

教科書
p.221

章末問題

①静電気はどのように生じるか。
②真空放電とは，どのような現象か。
③電子の流れる向きと電流の向きは，どのような関係になっているか。
④放射線には，どのような性質があるか。

 解答

①一方の物体からもう一方の物体に，−の電気を帯びた電子が移動
することにより生じる。
②気圧を極めて低くした空間を通って電流が流れる現象。
③電子の流れる向きと電流の向きは逆向きである。
④目に見えない。物体を通り抜ける（透過性）。原子の構造を変える。

考え方

①ふつう，物体は電気を帯びていない。摩擦（こすり合わせること）
によって，一方の物体が＋の電気を帯び，もう一方の物体が−の
電気を帯びるとき，これらの物体は引き合う。
②真空に近づいていくにしたがい，気圧は低くなる。放電とは，電気が空
間を移動する現象である。
③電子は，−極から＋極に移動する。電流は，＋極から−極に流れる。
④放射線は目に見えないが，霧箱で見られる飛行機雲のような白いあとに
よって存在を確認することができる。レントゲン撮影やCTによる医療診断，
空港の手荷物検査，工業製品の検査は，放射線の透過性が利用されている。
放射線が物質の性質を変化させることを利用して，プラスチックやゴムの
耐熱性，耐水性，耐衝撃性，かたさなどの向上に利用されている。

テスト対策問題

解答は巻末にあります。

時間30分

/100

1 2本のストローをティッシュペーパーで摩擦して静電気を起こし，その性質を調べた。次の問いに答えよ。　　7点×4(28点)

摩擦したストロー
ティッシュペーパー
摩擦したストロー

(1) ティッシュペーパーを摩擦したストローに近づけるとどのようになるか。

(　　　　　)

(2) 摩擦したストローどうしを近づけるとどうなるか。（　　　　　）

(3) 同じ種類の電気どうしでは，どのような力がはたらくか。（　　　　　）

(4) 異なる種類の電気どうしでは，どのような力がはたらくか。（　　　　　）

2 右の図1のような装置で，クルックス管に大きな電圧を加えたところ，蛍光板の上に明るく光る筋が見られた。次の問いに答えよ。　　8点×7(56点)

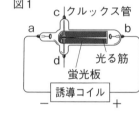

図1
c クルックス管
a
b
d 光る筋
蛍光板
誘導コイル
−　　＋

(1) 光る筋は，aの極から何という粒子が飛び出していることを示しているか。（　　　　　）

(2) クルックス管の(1)の粒子の流れを何というか。（　　　　　）

(3) 図1の電極板のcの極を−極，dの極を＋極につないで電圧を加えると，光る筋は，cの極，dの極のどちらの方に曲がるか。（　　　　　）

(4) 図1の電極板のcの極を＋極，dの極を−極につないで電圧を加えると，光る筋は，cの極，dの極のどちらの方に曲がるか。（　　　　　）

(5) (3), (4)から，(1)の粒子は＋，−のどちらの電気をもつか。（　　　　　）

(6) 図1のときのクルックス管に磁石を近づけたら，図2のように，光る筋が上に曲がった。次に，U字形磁石の極を反対にして，手前をN極，向こう側をS極とすると，光る筋はどのようになるか。（　　　　　）

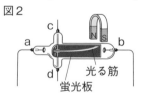

図2
c
N S
a
b
d 光る筋
蛍光板

(7) 電圧が加わっているときの金属の導線の中では，(1)の粒子の動く向きと電流の向きはどのような関係になっているか。（　　　　　）

3 放射線について，次の問いに答えよ。　　8点×2(16点)

(1) 次のうち，正しいものを1つ選びなさい。（　　　　　）

ア　α線，β線，γ線のうち，透過性が最も強いのはα線である。

イ　放射線の量を表すシーベルトの単位記号はSbである。

ウ　霧箱で見られる飛行機雲のような白いあとは，放射線が通ったところである。

(2) 放射性物質が放射線を出す能力を何というか。（　　　　　）

単元3 電流とその利用

探究活動 明るい豆電球はどれだ

明るい豆電球はどれだ

テーマ | 並列つなぎ・直列つなぎの豆電球の明るさの比較

教科書の まとめ

□種類のちが
う豆電球

▶種類のちがう豆電球は，それぞれ<u>抵抗</u>の大きさが異なる。

教科書
p.222

課題をつかもう

次の①～④のように，豆電球aと豆電球bを使った回路では，豆電球の明るさがどのようになるか調べよう。

●種類のちがう2個の豆電球を同じ電池に接続したとき，明るさがどのようになるか調べる。

●豆電球aと豆電球bを直列や並列につないだときに，それぞれの明るさはどのようになるか調べる。

①

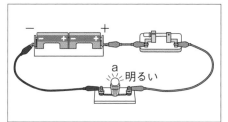

③直列回路

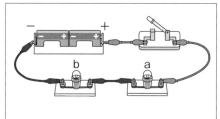

②

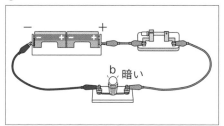

④並列回路

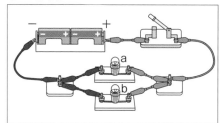

教科書 p.223

実験をしよう

豆電球の明るさが何と関係しているかを確かめるために，どのような実験を行えばよいか話し合おう。

- ●「①と②」，「③」，「④」それぞれについて，豆電球a，bの「明るさ」を観察し，明るい方を「明るい」，暗い方を「暗い」とする。
- ●①〜④について，豆電球a，bを流れる「電流I」，豆電球a，bに加わる「電圧V」を，電流計，電圧計で測定する。
- ●①，②から，オームの法則を使って，豆電球a，bの「抵抗R」を計算する。
    計算式：$R＝V÷I$ （小数第2位を四捨五入）
- ●「電流I」，「電圧V」の測定値より，「電力W」を計算する。
    計算式：$W＝V×I$ （小数第3位を四捨五入）
- ●「明るさ」は，「電流I」，「電圧V」，「抵抗R」，「電力W」のうちのどれと関係しているかを考える。

🧪 実験の結果

結果の例：

	①	②	③直列回路		④並列回路	
	豆電球a	豆電球b	豆電球a	豆電球b	豆電球a	豆電球b
明るさ	明るい	暗い	暗い	明るい	明るい	暗い
電流	282mA	238mA	131mA	131mA	282mA	238mA
電圧	2.95V	2.97V	1.38V	1.62V	2.95V	2.97V
電力	0.83W	0.71W	0.18W	0.21W	0.83W	0.71W

豆電球aの抵抗：$2.95V÷0.282A＝10.46\cdots$より，$10.5Ω$

豆電球bの抵抗：$2.97V÷0.238A＝12.47\cdots$より，$12.5Ω$

→豆電球bの抵抗＞豆電球aの抵抗

③のように電流が同じ場合

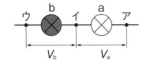

→$V_a＜V_b$

→電圧が<u>大きい</u>方が明るい。

①，②，④のように電圧が同じ場合

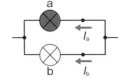

→$I_a＞I_b$

→電流が<u>大きい</u>方が明るい。

🧩 結果から考えよう

豆電球の明るさが，電流や電圧の大きさとどのように関係しているか考えよう。

①と②の比較…豆電球aの方が明るい。

→明るさに関係していると考えられるもの：電流，電力

③での比較…豆電球bの方が明るい。

→明るさに関係していると考えられるもの：電圧，電力

④での比較…豆電球aの方が明るい。

→明るさに関係していると考えられるもの：電流，電力

→豆電球の明るさは，電流だけに関係しているとも，電圧だけに関係している
　ともいえないが，①〜④の回路すべてにおいて，電力が大きい方が明るく，
　電力が小さい方が暗くなることがわかる。

よって，豆電球の明るさは，電力の大きさに関係すると考えられる。

単元3
探究活動

149

単元末問題

1 回路と電流・電圧

下の図のような回路をつくり，電流や電圧を測定した。次の問いに答えなさい。

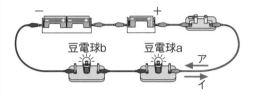

豆電球b　豆電球a　ア　イ

①図の回路を回路図で表しなさい。

②電流の向きはア，イのどちらか。

③スイッチを入れて，豆電球aに流れる電流の大きさを測定したところ，0.4Aだった。豆電球bに流れる電流の大きさは何Aか。

④豆電球aに加わる電圧の大きさを測定するときは電圧計をどのようにつなぐとよいか。回路図で示しなさい。

⑤豆電球aと豆電球bに加わる電圧V_a，V_bと，電源の電圧Vの関係を示しなさい。

 解答

①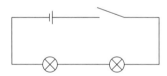

②ア

③0.4A

④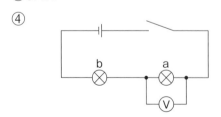

⑤$V_a + V_b = V$

考え方 ①豆電球，電池，スイッチを電気用図記号で表して，回路図をかく。

②電流の向きは，電池の＋極から出て，－極に入る向きと決められている。

③直列回路では，電流の大きさは回路のどこでも同じ大きさであり，それぞれの豆電球を流れる電流の大きさも同じである。

④電圧計は，はかろうとする部分に並列につなぐ。

⑤直列回路では，それぞれの豆電球に加わる電圧の大きさの和が，電源の電圧の大きさに等しい。

2 電流と電圧の関係

2種類の電熱線a，bにそれぞれ電圧を加え，流れた電流の大きさを測定した。グラフはその結果である。次の問いに答えなさい。

①同じ電圧を加えたとき，流れる電流が大きいのはどちらか。

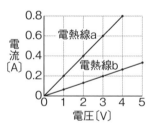

②電流と電圧との間にはどのような関係があるといえるか。

③電熱線a，bの抵抗の大きさをそれぞれ求めなさい。

④電熱線bに6Vの電圧を加えると，電熱線bに流れる電流は何Aか。

⑤電熱線aに1.0Aの電流が流れているとき，

電熱線aには何Vの電圧が加わっているか。

解答
①電熱線a
②比例の関係がある。
③a：5Ω　　b：15Ω
④0.4A
⑤5V

考え方 ①グラフより，同じ電圧で流れる電流は，電熱線aの方が大きい。
②グラフが原点を通る直線となっているので，電流と電圧の間には比例の関係があることがわかる。この関係をオームの法則という。

③電熱線a：$\dfrac{1\,\text{V}}{0.2\,\text{A}}=5\,\Omega$

　電熱線b：$\dfrac{3\,\text{V}}{0.2\,\text{A}}=15\,\Omega$

④$\dfrac{6\,\text{V}}{15\,\Omega}=0.4\text{A}$

⑤$5\,\Omega\times1.0\text{A}=5\,\text{V}$

3 抵抗のつなぎ方と電流・電圧

a〜dの抵抗を用いて，図1，図2の回路をつくった。次の問いに答えなさい。

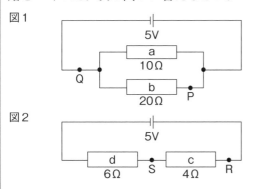

図1
5V
a 10Ω
b 20Ω
Q P

図2
5V
d 6Ω S c 4Ω R

①a〜dの抵抗に加わる電圧の大きさを比べた。電圧が最も小さいのはどれか。

②図1で，点P，Qを流れる電流の大きさをそれぞれ求めなさい。
③図2で，点R，Sを流れる電流の大きさをそれぞれ求めなさい。

解答
①c
②点P：0.25A，点Q：0.75A
③点R：0.5A，点S：0.5A

考え方 ①図1の回路は並列回路なので，抵抗a，bに加わる電圧の大きさはどちらも5Vである。図2の回路は直列回路なので，全体の抵抗は，
　$6+4=10\,\Omega$
図2の回路に流れる電流の大きさは，
　$\dfrac{5\,\text{V}}{10\,\Omega}=0.5\text{A}$
抵抗cに加わる電圧の大きさは，
　$4\,\Omega\times0.5\text{A}=2\,\text{V}$
抵抗dに加わる電圧の大きさは，
　$6\,\Omega\times0.5\text{A}=3\,\text{V}$
したがって，加わる電圧が最も小さいのは抵抗cである。
②図1の回路は並列回路なので，抵抗a，bに加わる電圧の大きさはどちらも5Vである。
よって，抵抗aを流れる電流は，
　$\dfrac{5\,\text{V}}{10\,\Omega}=0.5\text{A}$
抵抗bを流れる電流(点Pを流れる電流)は，
　$\dfrac{5\,\text{V}}{20\,\Omega}=0.25\text{A}$
したがって，点Qを流れる電流は，

0.5＋0.25＝0.75A

③図2の回路は直列回路なので，回路を流れる電流の大きさは回路のどこも等しい。したがって，点R，Sを流れる電流の大きさは，①で求めた0.5Aである。

4 電力，電力量，エネルギー

電熱線を使って水をあたためる実験を行った。次の問いに答えなさい。

①電熱線に5.0Vの電圧を加えると，2.0Aの電流が流れた。このとき，電熱線の電力は何Wか。

水100g　電熱線

②5分間電流を流したとき，この電熱線の発熱量は何Jか。

③電力を2Wにした場合，発熱量を②と同じにするには，電流を何分間流す必要があるか。

 ①10W
②3000J
③25分間

 ①この電熱線の電力は，
　　$5.0V×2.0A＝10W$
②5分間は$(5×60)$秒なので，電熱線の発熱量は，
　　$10W×(5×60)s＝3000J$
③2Wで3000Jの熱量を発生させる時間をx分とすると，
　　$2W×(x×60)s＝3000J$
　　$x＝25$分

5 電力量

100Vで600Wの電気ストーブを2時間使ったときの電力量は何Jか。また何kWhか。

 4320000J，1.2kWh

 600Wのストーブを2h＝$(2×60×60)$s使ったときの電力量〔J〕は，
　　$600W×(2×60×60)s＝4320000J$
電力量〔kWh〕は，
　　$600W×2h＝1200Wh＝1.2kWh$

6 磁石や電流のまわりの磁界

図のような装置で，コイルに電流を流したところ，方位磁針のN極が指す向きが変わった。次の問いに答えなさい。

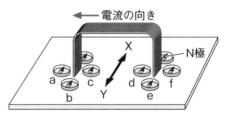

①a～fの方位磁針のN極はどの向きを指したか。次のア～エよりそれぞれ選びなさい。

ア　　イ　　ウ　　エ

②コイルの中心付近の磁界の向きはXとYのどちらか。

解答
①a：ア
b：エ
c：イ
d：イ
e：ウ
f：ア
②Y

考え方
①②次の図のように，電流が流れていく方へ向かって右回りの磁界が導線のまわりにできる。

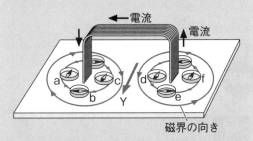

この磁界が重なって，コイルの中心付近では，Yの向きに磁界ができる。方位磁針のN極は磁界の向きと同じ向きを指す。

---

7 電流が磁界から受ける力

図のような装置に電流を流したところ，銅線はAの向きに動いた。次の問いに答えなさい。

①U字形磁石の間の磁界の向きは，N極→ S極，S極→N極のどちらか。

②銅線の動く向きを逆にするには，どのようにすればよいか。下のア～オより全て選びなさい。

ア 銅線に流れる電流を大きくする。
イ 銅線に流れる電流を小さくする。
ウ 磁石をS極が上になるように置きかえる。
エ 銅線に流れる電流の向きを逆にする。
オ 磁力の強い磁石にとりかえる。

③銅線が受ける力を大きくするには，どのようにすればよいか。②のア～オより全て選びなさい。

④電流が磁界から受ける力を利用している例を1つ答えなさい。

解答
①N極→S極
②ウ，エ
③ア，オ
④（例）モーター

考え方
①磁石のまわりの磁界の向きは，N極から出てS極へ入る向きとなる。

②磁界の向きを逆にしたり，電流の向きを逆にしたりすると，電流が磁界から受ける力の向きは逆になる。

③電流を大きくしたり，磁界を強くしたりすると，電流が磁界から受ける力は大きくなる。

---

8 電磁誘導

棒磁石のN極をコイルに入れたとき，電流はイの向きに流れた。次の問いに答えなさい。

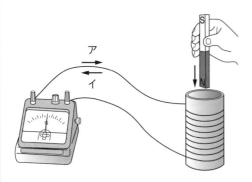

①次のＡ，Ｂの場合，電流はア，イのどちらの向きに流れるか。

Ａ：Ｎ極を遠ざける。

Ｂ：Ｓ極を遠ざける。

②流れる電流を大きくするにはどのようにしたらよいか。３通りの方法を答えなさい。

③棒磁石をコイルに入れずに，コイルの上を水平に動かした。このとき，電流は流れるか。

解答 ①Ａ：ア

Ｂ：イ

②・磁石を速く動かす。

・コイルの巻数を多くする。

・磁力の大きい磁石に変える。

③流れる。

考え方 ①Ａ：磁石の動きを逆にすると，コイルの中の磁界の変化が逆になるので，コイルに流れる誘導電流の向きも逆になる。

Ｂ：磁石の極を変えると，コイルの中の磁界の変化が逆になるので，コイルに流れる誘導電流もＡのときと逆になる。

②磁石を速く動かしたり，磁石を磁力の強いものに変えたり，コイルの巻数を多くすると，コイルの中の磁界の変化が大きくなるので，流れる誘導電流も大きくなる。

③コイルの中の磁界が変化するので，電流は流れる。

9 交流

交流の説明を，次のア～ウより選びなさい。

ア　電流の向きが変わらない。

イ　電流の向きが一定で大きさが変わる。

ウ　電流の向きが周期的に変わる。

解答 ウ

考え方 交流の電流の向きと時間の関係の例をオシロスコープで表すと，次の図のようになる。

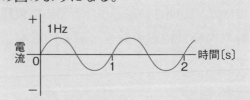

アは直流の説明である。

10 静電気とそのはたらき

ちがう種類の布で別々に摩擦した３個の発泡ポリスチレンの球a～cを糸でつるしたところ，図のようになった。次の問いに答えなさい。

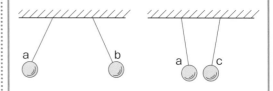

①aと同じ種類の電気を帯びているのはb
　かcか。
②bとcの球を近づけるとどのようになる
　か。
③aを摩擦した布と同じ種類の電気を帯び
　ているのはどの球か。

 解答 ①b
②引き合う。
③c

 考え方 2種類の物質を摩擦することなど
によって物体にたまった電気を静
電気という。静電気には＋と－の２種類
がある。同じ種類の電気どうしでは退け
合う力がはたらき，異なる種類の電気ど
うしでは引き合う力がはたらく。
①aとbの球は退け合っているので，同
じ種類の電気を帯びている。aとcの球
は引き合っているので，異なる種類の電
気を帯びている。したがって，aの球と
同じ種類の電気を帯びているのはbの球
である。
②bの球はaの球と同じ種類の電気を帯
びているので，bとcの球を近づけたと
きは，aとcの球を近づけたときと同じ
ように引き合う。
③aの球を摩擦した布は，aの球と異な
る種類の電気を帯びている。したがって，
この布と同じ種類の電気を帯びているの
はcの球である。

11 陰極線，電子
　図のようなクルックス管に大きな電圧を
加えると，蛍光板に光る筋が見えた。次の
問いに答えなさい。

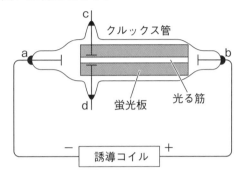

①光る筋は，何という粒子の流れか。
②①の粒子はa，bどちらの極から飛び出
　しているか。また，＋，－どちらの電気
　を帯びているか。
③c，d間に電圧を加えると，光る筋は上
　に曲がった。cは＋極と－極のどちらに
　つないだか。
④電流は，①の粒子の流れである。このと
　き，①の粒子の流れと電流の向きの関係
　について説明しなさい。

 解答 ①電子
②a，－の電気
③＋極
④電子と電流の流れは逆向きになっ
　ている。

 考え方 ①このような光る筋を電子線(陰
極線)という。電子線の正体は電
子の流れである。
②電子は電源の－極につながった陰極
(a)から飛び出し，電源の＋極につな
がった陽極(b)に入っていく。また，電

子は－の電気をもっている。

③電子は－の電気をもっているので，上下に電圧を加えると，＋極に引かれて曲がる。電子線が上に曲がったので，上にあるcが＋極，下にあるdが－極であったことがわかる。

④電圧が加わると，電流は電源の＋極から出て－極に入る。電子は導線中を－極から＋極の向きに移動する。

---

12 放射線

①次のア～エの文章で，放射線の説明として正しいものを選びなさい。

ア　放射線は，X線とα線の2種類である。

イ　目に見える放射線と，見えない放射線がある。

ウ　放射線は，どのような物体でも通り抜ける。

エ　放射線には，物質の性質を変える性質がある。

②放射線の利用例を，2つ答えなさい。

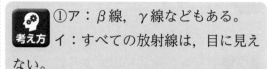 解答
①エ
②(例)レントゲン撮影，手荷物検査

考え方 ①ア：β線，γ線などもある。
イ：すべての放射線は，目に見えない。
ウ：α線は紙，β線はうすい金属板，γ線やX線は鉛などの厚い板で遮ることができる。
②解答例は，放射線の透過性を利用した例である。

読解力問題

① ブラックボックスの配線を調べる

解答 ①直列回路
②
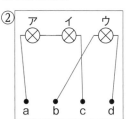

③並列回路
④
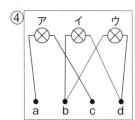

①豆電球の明るさは，電力が大きいほど明るくなる。また，同じ豆電球を用いた回路では，直列につなぐと暗くなり，並列につなぐと明るくなる。(→教科書p.222～223探究活動)

②表1から，端子b，dと乾電池をつないだとき，ウのみ光ったことから，端子b－ウ－端子dとつながる回路になったことがわかる。また，端子a，cと乾電池をつないだとき，アとイが暗く光ったことから，アとイは直列つなぎで，端子a－ア－イ－端子cとつながる回路になったことがわかる。

③④aとcをつなぐとアだけ明るく光ったことから，端子a－ア－端子cとつながる回路になっている。また，bとdをつなぐとイとウが明るく光ったことから，イとウは並列となっていることがわかる。よって，端子bから枝分かれしており，端子b－イ－端子d，端子b－ウ－端子dがつながっていて，端子dで再び合流する回路となっていることがわかる。

② リニアモーターのしくみを調べる

解答
①ア，ウ，オ
②パイプを流れる電流が，磁石の磁界から力を受けるため。
③ア

考え方
①電流が流れるものを選ぶ。金属(銅や鉄，アルミニウム)，鉛筆の芯(炭素)は電気を通す。ただし，鉄は磁石に引きつけられてしまうので不適である。

②パイプに電流が流れると，磁界から力を受ける。力の向きは，電流と磁界のどちらの向きにも垂直な向きである。

③電流の向きと磁界の向きが同じままであれば，電流が磁界から受ける力の向きも同じままで，パイプはXの向きに進み続ける。

単元4 気象のしくみと天気の変化

1章 気象観測

① 気象と私たちの生活

テーマ　気象　　気象要素
十種雲形

教科書の まとめ

□気象
▶雨や風，台風など，大気中で起こるさまざま自然現象のこと。気象現象ともいう。天気は気象を総合的に表現したもの。雲量，気温，湿度，気圧，風向・風速(風力)，降水量などの気象要素を調べることによって，天気の変化を予測することができる。

□気象と私たちの関わり
▶さまざまな形で私たちに深く関わっており，大きな災害をもたらすこともある。　　　→やってみよう

教科書 p.237　やってみよう

気象が私たちの生活とどのようなときに関わっているか考えてみよう

天気によって予定や計画が変わるのはどのようなときだろうか。

Aさん「今日の天気は雨だけど，週末の運動会はできるかな。」

Bさん「暑い日の部活動のときには，水分をたくさんとる必要があると先生にいわれたよ。」

Cさん「傘を持っていくか，上着が必要かなどを，朝の天気予報をもとに考えているよ。」

やってみようのまとめ

私たちの生活では，運動会や移動教室などの野外活動の実行・中止，出かけるときに傘などの雨具が必要かどうか，洗濯物や服装選びなど，さまざまな行動に気象情報が活かされている。また，経済活動にも気象の影響があり，例えば，暑い日は冷たい飲食物，寒い日はあたたかい飲食物を多めに用意するなど，気象をもとに仕入れる量を決めている。

空を見上げてみよう（十種雲形）

高度〔km〕

12

10

8

6

4

2

0

上層雲

巻雲（すじ雲）

雲の中で最も高い空にできる。絹のような繊維状に見える。

巻積雲（うろこ雲）

高いところにでき，雲のかたまりが小さい。真っ白な小石をしきつめたような雲。

巻層雲（うす雲）

高いところにうすく一面に現れる。太陽のまわりに日傘，月のまわりに月傘が見られる。

積乱雲（かみなり雲）

積雲が発達したもの。雷やひょう，大雨をもたらす。

乱層雲（あま雲）

低気圧が近づいてきたときに，空を覆い，雨を降らせる雲。

中層雲

高積雲（ひつじ雲）

巻積雲よりも雲のかたまりが大きい。白い雲が群れて広がる。

高層雲（おぼろ雲）

空全体を覆う。太陽はつや消しガラスを通したように見える。

積雲（わた雲）

綿のような白い雲。雲の最も低いところは，地表面近くから2kmくらいの高さまでの範囲にできる。

下層雲

層積雲（うね雲）

もくもくした積雲と層状の雲を合わせたような雲。うねのようなかたまりになることが多い。

層雲（きり雲）

山腹などにかかる雲。高いところにある霧。建物の上部を隠すこともある。

単元4

1章

❷ 身近な場所の気象

テーマ 気象要素(雲量, 気温, 湿度, 気圧, 風向・風速, 降水量など)
気象観測の方法

教科書の まとめ

□気象要素 ▶雲量, 気温, 湿度, 気圧, 風向・風速(風力), 降水量などの, ある時点での大気の状態を表す要素のこと。

→ 基本操作   → 観測1   → やってみよう

参考 降水量
一定時間に降った雨の量を雨量という。雪やあられなども含めると, 降水といい, 単位はmmで表す。降水量は, 雨量計を使ってはかる。

参考
最高気温が35℃以上の日を猛暑日, 30℃以上の日を真夏日, 25℃以上の日を夏日, 0℃未満の日を真冬日という。

□放射冷却 ▶よく晴れた日の夜に熱が宇宙空間に逃げていくことで地面の温度と気温がしだいに低下し, 日の出のころに最も低くなる現象。

教科書
p.239

基本操作

気象観測の方法

雲量と天気
校庭などの空全体が見渡せる見通しのよいところで雲量と天気を調べる。雲量は空全体を10としたときの雲が占める割合で表す。

雲量9(くもり)   雲量3(晴れ)

雲量の表し方
0と1の場合は快晴, 2〜8の場合は晴れ, 9と10の場合はくもり。

天気記号	快晴	晴れ	くもり	雨	雷	雪	あられ	ひょう	霧	天気不明
	○	◐	◎	●	⊖	⊗	△	▲	◉	⊗

気温・湿度

気温は，地上およそ1.5mの高さに乾湿計の感温部を置き，直射日光が当たらないようにして乾球ではかる。湿度は，乾湿計の乾球と湿球の示す温度の差を読みとり，湿度表（教科書p.240表1）を使って求める。例：乾球が20.0℃，湿球が15.0℃を示すとき，乾球と湿球の差は5℃となり，湿度表から，湿度は56%とわかる。

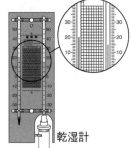

乾湿計

乾球の読み (℃)	乾球と湿球との目盛りの読みの差(℃)			
	4	4.5	5	5.5
23	67	63	59	55
22	66	62	58	54
21	65	61	57	53
20	64	60	56	52
19	63	59	54	50
18	62	57	53	49

気圧

気圧計で測定し，単位は，ヘクトパスカル(hPa)を用いる。

1気圧＝1013hPa

アネロイド気圧計

風向・風速

風は，建物などの障害物のない開けた場所で観測する。

風向は，風のふいてくる方向を16方位で表す。風速や周囲の風のふき方から，13段階の風力階級を求めることができる。記号のかき方は教科書p.252の基本操作を参考にする。

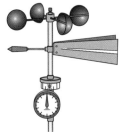

風向風速計

16方位の表し方
（太線は8方位）

風力階級表

風力階級と記号	地上10mの高さでの風速[m/s]⇨※1	陸上のようす
0	0～0.3未満	煙はまっすぐのぼる。
1	0.3～1.6未満	煙のなびくことでやっと風向がわかる。
2	1.6～3.4未満	顔に風を感じる。木の葉がさらさらと動く。
3	3.4～5.5未満	木の葉や細い小枝が，絶えず動く。軽い旗がたなびく。
4	5.5～8.0未満	砂ぼこりがたち，紙片が舞い上がる。木の小枝が動く。
5	8.0～10.8未満	葉のあるかん木が揺れ始める。
6	10.8～13.9未満	木の大枝が動く。電線が鳴る。傘はさしにくい。
7	13.9～17.2未満	樹木全体が揺れる。風に向かうと歩きにくい。
8	17.2～20.8未満	木の小枝が折れる。風に向かうと歩けない。
9	20.8～24.5未満	人家に損害が出始める。
10	24.5～28.5未満	樹木が根こそぎになり，人家に大損害が起こる。
11	28.5～32.7未満	めったに起こらない。広い範囲の破壊が起こる。
12	32.7以上	──

※1 メートル毎秒と読む。

教科書
p.241

観測のガイド

観測1 **気象観測**

基本操作を参考にして，校内で場所を決めて気象観測をする。

❶ 雲量と天気を調べる。

❷ 他の気象要素(気温，湿度，気圧，風向・風力)についても記録する。

❸ 1日の変化を表やグラフにまとめる。

🧪 観測の結果

晴れた日の気象観測の例(4月21日　観測場所：校庭)

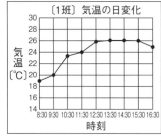
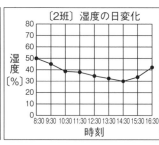
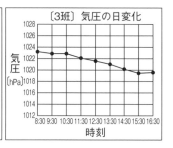

〔4班〕風向の日変化	
8:30	西南西
9:30	北東
10:30	南西
11:30	南西
12:30	南西
13:30	南南東
14:30	西南西
15:30	南西
16:30	南

〔5班〕雲量の日変化と天気		
8:30	0	快晴
9:30	0	快晴
10:30	0	快晴
11:30	0	快晴
12:30	0	快晴
13:30	0	快晴
14:30	0	快晴
15:30	0	快晴
16:30	0	快晴

気温：午前中はしだいに上がり，13時30分に最高になる。16時30分に少し下がる。

湿度：午前中はしだいに下がり，14時30分に最低になり，その後，上がる。

気圧：少しずつ低くなっている。

風向：8時30分に南寄り，9時30分に北寄りで，その後，南寄りが続いている。

雲量：1日中雲量が0で，天気は快晴である。

雨が降った日の気象観測の例（●月●日　観測場所：校庭）

時刻	気温〔℃〕	湿度〔%〕	気圧〔hPa〕	風向	雲量	天気
8:30	18.9	81	1013.1	南東	10	くもり
9:30	18.2	91	1012.6	南東	10	雨
10:30	18.0	95	1011.6	南東	10	雨
11:30	18.2	96	1010.6	南東	10	雨
12:30	18.2	96	1010.0	南南東	10	雨
13:30	18.3	97	1009.1	南南東	10	雨
14:30	17.9	97	1007.5	東北東	10	雨
15:30	17.8	97	1006.8	北北西	10	雨
16:30	17.3	97	1006.5	北	10	雨

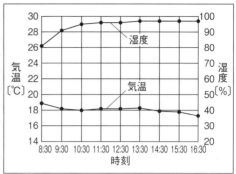

気温：あまり変化していない。

湿度：雨が降り出した9時30分に湿度が上がり，10時30分以降は，100％に近い湿度が続いた。

気圧：あまり変化していないが，少しずつ低くなっている。

風向：南寄りだった風向は，14時30分から北寄りになった。

雲量：8時30分は雲量10のくもり。9時30分以降は雨が降っているので雲量に関わらず雨である。

結果から考えよう

観測記録から，気温や湿度，気圧などは1日の中でどのように変化すると考えられるか。

→1日の中でも，気温や湿度，気圧などの気象要素は変化し，天気によっても変化のしかたが変わると考えられる。

快晴の日は，気温の変化が大きく，気温と湿度の変化が逆になっている。雨の日は，気温も湿度も変化が小さい。風向は，晴れの日，雨の日に関わらず，1日を通して変化していた。気圧は，1日を通して，晴れの日，雨の日とも，少しずつ変化していた。

教科書
p.243

やってみよう

気象要素のグラフを読みとってみよう

❶ 晴れた日の気温と湿度は1日のうちにどのように変化するか考える。

❷ 気圧が下がると天気はどのようになるか考える。

❸ 風向が変わると気温はどのようになるか考える。

❹ 天気の変化で特徴のある出来事を記録する。

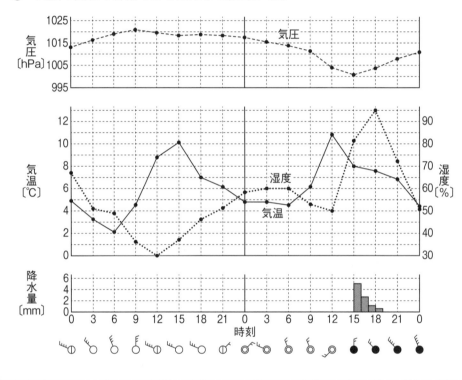

やってみようのまとめ

❶ 晴れた日(1日目)は，気温が上がると湿度が<u>下</u>がり，気温が下がると湿度が<u>上</u>がった。

❷ くもりのち雨の日(2日目)は，気圧が最も<u>低く</u>なったときに雨が降り出したことから，気圧が<u>低く</u>なると天気は雨になりやすいと考えられる。

❸ くもりのち雨の日(2日目)は，風向が南寄りから北寄りに変わった15時から気温が下がったことから，風向の変化と気温は関係があると考えられる。

❹ くもりのち雨の日(2日目)は，雨が降り始めると気温が<u>下</u>がり，湿度は<u>上</u>がった。

教科書
p.245

章末問題

①気温，湿度，気圧，風向，風速は，どのような観測器具を使い，どのように測定するか。

②晴れた日の気温が午後2時ごろに最高に達するのはなぜか。

③晴れた日の気温と湿度は，1日のうちにどのように変化するか。

④気圧が低くなってくると，天気はどのように変化するか。

解答

①気温：地上およそ1.5mの高さに乾湿計の感温部を置き，直射日光が当たらないようにして乾球ではかる。

湿度：乾湿計の乾球と湿球の示す温度の差を読みとり，湿度表を使って求める。

気圧：アネロイド気圧計などの気圧計で測定し，単位はヘクトパスカル(hPa)で表す。

風向，風速：風向は，建物などの障害物のない開けた場所で，風向風速計を使って風のふいてくる方向を測定し，16方位で表す。風速は，風向風速計で測定する。

②日射が最も強くなるのは正午ごろだが，地面があたたまるのが少し遅れるため。

③晴れた日は日の出とともに気温が上がり，午後2時ごろに最高になる。夜は気温が下がり，日の出のころに最低となる。気温が上がると湿度が下がり，気温が下がると湿度は上がる。

④気圧が低くなると，天気はくもりや雨になることが多い。

考え方

③雨やくもりの日は，一般に，気温，湿度とも変化が小さい。

④気圧が高くなると，晴れることが多い。

テスト対策問題

解答は巻末にあります。

時間30分

/100

1 いろいろな観測器具を使って，気象観測をした。次の問いに答えよ。　10点×3(30点)

図1 　図2

(1) 図1，図2は，それぞれ何をはかるものか。

図1 (　　　　　　)

図2 (　　　　　　)

(2) 気温をはかる条件として適しているものを，次のア，イから選べ。　(　　)

ア　地上およそ1.5mの高さで，温度計に直射日光が当たるようにする。

イ　地上およそ1.5mの高さで，温度計に直射日光が当たらないようにする。

2 右の図のような器具を使って湿度を調べた。次の問いに答えよ。　7点×4(28点)

(1) 図の器具は何か。　(　　　　　　)

(2) 乾球はAとBのどちらか。　(　　　　　　)

(3) 図のAは13℃，Bは11℃を示していた。

① このとき気温は何℃か。　(　　　　　　)

② このとき湿度は何％か。右の表を使って求めよ。　(　　　　　　)

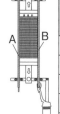

乾球の読み[℃]	乾球と湿球との目盛りの読みの差[℃]				
	0	1	2	3	4
14	100	89	78	67	57
13	100	88	77	66	55
12	100	88	76	65	53
11	100	87	75	63	52
10	100	87	74	62	50

3 右のグラフについて，次の問いに答えよ。　7点×6(42点)

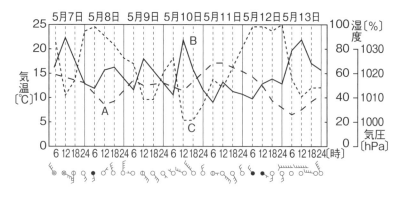

(1) グラフのA〜Cは，それぞれ気温・湿度・気圧のどれを示しているか。

A(　　　　　　)　B(　　　　　　)　C(　　　　　　)

(2) 右上のグラフを参考にして，気温，湿度，気圧などについて，次の①〜③に答えよ。

① 晴れた日に気温が上がると，湿度は上がるか，下がるか。　(　　　　　　)

② 雨やくもりの日は，気温や湿度の変化は大きいか，小さいか。(　　　　　　)

③ 気圧が低くなると，天気は晴れることが多いか，くもりや雨になることが多いか。　(　　　　　　)

単元4 気象のしくみと天気の変化

2章 気圧と風

① 気圧とは何か

> テーマ
> 大気 　圧力 　気圧(大気圧)
> 空気の質量

教科書の まとめ

□**大気**
たいき

▶地球を取りまく気体。質量がある。　　→ **やってみよう**

> **知識**
> 地表面に近い部分の大気を一般に空気という。
> いっぱん

□**圧力**
あつりょく

▶単位面積(1 m² など)当たりに垂直に加わる力の大きさ。単位は
パスカル(記号Pa)。　　→ **やってみよう**

$$圧力[Pa] = \frac{面に垂直に加わる力[N]}{力が加わる面積[m^2]}$$

> **参考**
> 圧力の単位は，N/m² でも表せる。1Pa＝1N/m²

□**気圧(大気圧)**
たいき あつ

▶大気による圧力。単位はヘクトパスカル(記号hPa)。地球の大気
による気圧(大気圧)は，1013hPaを標準の気圧と決め，これを
1気圧という。上空へ行くほど気圧は低くなる。　→ **やってみよう**

> 教科書
> p.247

やってみよう

気圧を感じてみよう

Ａ 吸盤を引く
吸盤やゴム板を机に
ぴったりと張りつけ，
引く。

Ｂ 割りばしをたたく
新聞紙を広げて机に密着
させ，机と新聞の間に割
りばしをはさみ，勢いよ
くたたく。

Ｃ ストローで液体を吸う
吸う力を変化させて，液
体が吸い上げられること
を確かめる。

🔺 やってみようのまとめ

A　吸盤を引くと，机に張りついたままとれなかった。吸盤はそれ自体が粘着
性をもたないが，机に張りついた。これは，上から吸盤を押しつけているも
のがあるためと考えられる。

B　割りばしを勢いよくたたくと，新聞紙の間にはさんだ割りばしが折れた。
これは，上から新聞紙を押しつけているものがあるためと考えられる。

C　吸う力に応じて，液体が吸い上げられた。これは，ストローの中の液面を
押しつけているものがコップの液面を押しつけているものより小さくなった
ためであると考えられる。

教科書 p.248

やってみよう

空気に質量があるか調べてみよう

❶　からのペットボトルに簡易加圧ポンプをつけて，質量をはかる。⇨✖1

❷　加圧する回数を5回，10回，15回と変えて，空気を詰めた後のペットボト
ルの質量をはかる。

❸　空気を抜いてもう一度質量をはかる。

簡易加圧ポンプ
ペットボトル
電子てんびん

加圧する回数	0	5	10	15	空気を抜いた後
質量〔g〕					

✖1　注意 必ず，側面に凹凸のない炭酸飲料用のペットボトルを使用する。

🔺 やってみようのまとめ

結果の例

加圧する回数	0	5	10	15	空気を抜いた後
質量〔g〕	59.50	59.58	59.66	59.84	59.50
増えた質量〔g〕	0	0.08	0.16	0.34	0

加圧して空気をペットボトルに入れるにつれ，<u>質量</u>が増えた。空気を抜いた後
は，加圧する前の<u>質量</u>に戻った。このことから，加圧してペットボトルに入れ
た空気の分だけ<u>質量</u>が増え，空気には<u>質量</u>があると考えられる。

教科書 p.249

やってみよう

力を受ける面積を変えて，力の加わるようすを調べてみよう

❶ 図のように，ペットボトルを逆さまにセットし，スポンジがへこむようすを調べる。

❷ 板の大きさを変えて，スポンジのへこむようすのちがいを調べる。

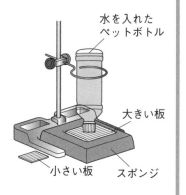

水を入れたペットボトル
大きい板
小さい板
スポンジ

やってみようのまとめ

小さい板の方が，大きい板よりスポンジはより多くへこんだ。

水を入れたペットボトルの<u>重力</u>の大きさは同じであるから，力が加わる面積がちがえば，同じ大きさの力でも一定の面積を押す力の大きさは変わってくると考えられる。

（力の大きさが同じでも，力が加わる面積が小さいほど，スポンジのへこみ方は<u>大きく</u>なる。）

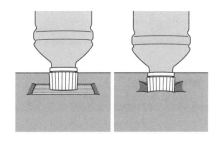

単元4

2章

② 気圧配置と風

テーマ 高気圧と低気圧　　等圧線　　天気図　　上昇気流と下降気流
天気図の読み方

教科書の まとめ

□**高気圧**
▶まわりより中心の気圧の高いところ。高気圧からふき出した風は低気圧に向かってふきこむ。高気圧の中心部では雲ができ<u>にくい</u>。

□**低気圧**
▶まわりより中心の気圧の低いところ。低気圧の付近では雲ができ<u>やすい</u>。

□**等圧線**
▶各地の気圧の値の等しい点を結んだ曲線。　　**→ 基本操作**

□**天気図**
▶観測された気象要素を図記号を使って地図上に記入したもの。
　　　　　　　　　　　　→ 基本操作　　**→ 実習1**

□**上昇気流**
▶上昇する空気の流れ。

□**下降気流**
▶下降する空気の流れ。

教科書 p.252

基本操作

天気図の読み方

天気図上の方位

天気図上の方位は，図中のア，イ，ウのように，付近の緯線・経線に合わせる。

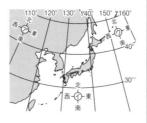

天気図記号

○は観測地点を示し，○の中の記号で天気，矢羽根の向きで風向，矢羽根の数で風力を表している（教科書p.239）。

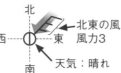

北東の風
風力3
天気：晴れ

等圧線

等圧線は同一時刻の各地の気圧（海面気圧）の値の等しいところを結んだ，交差や分岐をしない，閉じた滑らかな曲線である。高気圧を「高」，低気圧を「低」で示し，その下の数値は，中心の気圧の大きさを表す。

1000hPaを基準に，20hPaごとに太線になる。　等圧線は4hPaごとに引かれる。

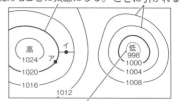

2hPaごとに引かれるときは点線になる。アは1020hPa，イは1018hPaと読む。

実習のガイド

実習1 天気図を読む

❶ 天気図記号を記入する（記号は教科書p.239を参考にする）。

表を参考に，図のイ〜キに天気，風向，風力の記号を記入する。

❷ 等圧線を記入する。

他の等圧線にならい，表の気圧を参考にして，図のＡからＢまで等圧線を引く。

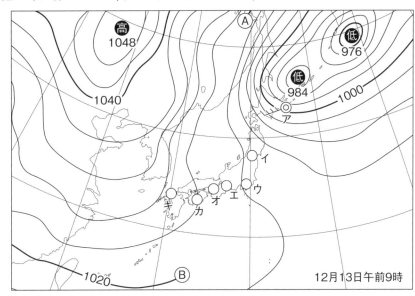

12月13日午前9時

	地名	天気	風向	風〔m/s〕	風力	気圧〔hpa〕
ア	根室	くもり	西南西	7.2	4	997
イ	山形	雪	西	1.2	1	1015
ウ	東京	快晴	北西	3.8	3	1015
エ	名古屋	晴れ	北西	4.6	3	1020
オ	京都	快晴	西	4.0	3	1022
カ	高知	快晴	西	1.7	2	1023
キ	福岡	晴れ	北西	4.1	3	1027

実習の結果

図のイ〜キに天気，風向，風力の記
号を記入し，ＡからＢまで等圧線を
引くと，右の図のようになる。

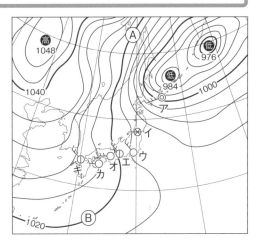

単元
4

2
章

結果から考えよう

①高気圧や低気圧付近では，どのような風の流れになっていると考えられるか。

→高気圧側から低気圧側へ風がふいていると考えられる。

②等圧線の間隔と風の強さの間には，どのような関係があると考えられるか。

→等圧線の間隔が狭いほど風が強いと考えられる。

教科書
p.255

章末問題

①大気の質量によってかかる圧力を何というか。

②力の大きさを変えずに力を受ける面積を4倍にすると，圧力の大きさはどうなるか。

③低気圧の中心付近では，どのような空気の流れが見られるか。

解答

①気圧（大気圧）

②$\dfrac{1}{4}$になる。

③地上付近は高気圧からふき出した風がふきこんでいて，中心部は上昇気流となっている。

考え方

①気圧の単位は，ヘクトパスカル（記号hPa）である。

②圧力$[Pa] = \dfrac{面に垂直に加わる力[N]}{力が加わる面積[m^2]}$より，力の大きさを変えず，面積を4倍にすると，圧力の大きさは$\dfrac{1}{4}$になる。

③北半球の低気圧，高気圧の中心付近での空気の流れは右図のようになる。南半球では時計回り，反時計回りの関係が逆になる。

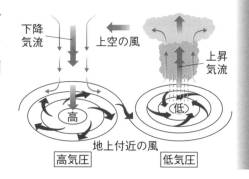

テスト対策問題

解答は巻末にあります。

時間30分
/100

1 右の図のように，スポンジの上に600gの直方体の物体をのせた。100gの物体にはたらく重力の大きさを1Nとして，次の問いに答えよ。　　　　　　　　　　　　　10点×3(30点)

(1) スポンジに力が加わる面積は何m²か。　　（　　　　　）

(2) スポンジにはたらく圧力は何Paか。　　　（　　　　　）

(3) A，B，Cの面をそれぞれ下にしたときのスポンジのへこみ方はどうなるか。次のア〜エのうち，正しいものを1つ選べ。　　　　　　　　（　　）

　ア　面積が最も小さいAのスポンジのへこみ方が最も大きい。

　イ　面積がAより大きくCより小さいBのスポンジのへこみ方が最も大きい。

　ウ　面積が最も大きいCのスポンジのへこみ方が最も大きい。

　エ　スポンジにはたらく力は同じだから，スポンジのへこみ方は同じになる。

2 右の天気図記号について，次の問いに答えよ。　　10点×3(30点)

(1) 風向を答えなさい。　　　　　　　（　　　　　）

(2) 風力はいくらか。　　　　　　　　（　　　　　）

(3) 天気は何か。　　　　　　　　　　（　　　　　）

3 右の図は，等圧線だけを示した日本周辺の天気図である。次の問いに答えよ。

10点×4(40点)

(1) A，Bのうち，高気圧はどちらか。
　　　　　　　　　　　　（　　）

(2) a地点の気圧の大きさは何hPaか。
　　　　　　　　　　　　（　　　　　）

(3) 図のア〜ウの地点のうち，風力が最も大きいのはどこか。　　（　　）

(4) 低気圧の中心付近の大気の流れを表しているものは，次のア〜エのどれか。
　　　　　　　　　　　　（　　）

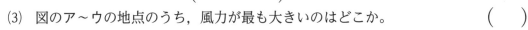
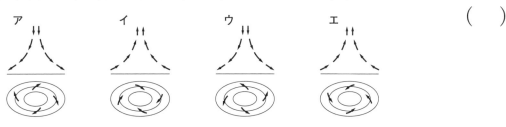

3章 天気の変化

① 空気中の水蒸気の変化

テーマ 露点の測定　　飽和水蒸気量　　湿度
雲や霧のでき方　　水の循環

教科書のまとめ

□露点	▶水蒸気を含んでいる空気が冷えて凝結が始まり，水滴ができ始めるときの温度。　　→実験1
□凝結	▶気体の状態にある物質(水蒸気)が液体(水)に変わる現象。
□飽和水蒸気量	▶ある気温で空気が含むことのできる最大限度の水蒸気量。空気中に含まれている水蒸気量は空気1 m³中の水蒸気量[g]で表す。
□気温と飽和水蒸気量の関係	▶飽和水蒸気量は気温によって変化する。気温が高くなると，飽和水蒸気量は大きくなる。
□湿度	▶空気中に含まれている水蒸気の量を，そのときの気温の飽和水蒸気量に対する百分率で表したもの。

$$湿度[\%] = \frac{空気1 m^3に含まれている水蒸気の量[g]}{その気温での空気1 m^3中の飽和水蒸気量[g]} \times 100$$

| □雲 | ▶空気が上昇して膨張すると温度が下がる。水蒸気を含んだ空気のかたまりが露点に達し，さらに上昇して，水蒸気が空気中の小さなちりを凝結核として無数の細かい水滴や氷の粒となったもの。
例 上昇気流による雲のでき方
❶地表の一部が強く熱せられる。
❷空気が山腹に沿って上昇する。
❸寒気が暖気を押し上げる，または，暖気が寒気の上にはい上がる。 |
| --- | --- |
| □霧 | ▶地上付近にできた雲のこと。　　→実験2 |
| □雨 | ▶雲をつくる水滴や氷の粒が大きくなって，上昇気流では支えきれなくなり地表に落ちてくる水滴。 |
| □雪やあられ | ▶氷の粒がとけないで地表に達したもの。 |
| □水の循環 | ▶水は陸と海と大気の間を循環している。水の循環を起こすもとになっているのは，太陽のエネルギーである。 |

実験のガイド

水滴のでき方を調べる実験

中が乾（かわ）いた
ペットボトル

氷水で冷やす。

ペットボトルを氷水からとり出す。

冷やされた部分のペットボトルの内側が，水滴でくもっている。

ペットボトルを手であたためる。

くもりが消える。

🔼 実験のまとめ

・ペットボトルを氷水からとり出すと，氷水につけた部分の内部の空気が冷やされて露点に達したため，水蒸気が凝結して水滴になり，ペットボトルの内部についてくもった。

・ペットボトルを手であたためると，内部の空気があたたまり，露点が上がって，水滴が水蒸気に変わったため，くもりが消えた。

実験のガイド

実験1 露点の測定

❶ 室温と水温をはかる。

室温をはかった後，金属製のコップの中にくみ置きの水を入れ，水温を測定する。室温と水温がほぼ同じ温度になっていることを確かめる。

セロハンテープ

❷ コップの表面がくもり始めたときの温度をはかる。

水温が平均して下がるように，氷を入れた大形試験管を動かし，コップの表面にくもりができ始めた温度を測定する。⇨✖1

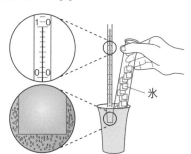

氷

✗1 コツ 温度計によって，生じる誤差が異なるため，実験中は同じ温度計を使う。

🧪 実験の結果

結果の例

日時：○月○日，天気：晴れ，観測場所：○○中第2理科室

室温：22℃

実験開始時の水温：22℃

くもり始めた水温：8℃

🎯 結果から考えよう

この実験のとき，空気中の水蒸気が冷え，水滴（露）ができ始める温度（露点）は何℃だと考えられるか。

→コップの表面がくもり始めたときの水温が8℃だったので，このときの空気の露点は <u>8</u> ℃だと考えられる。

教科書 p.259

演習 気温30℃の空気（1m³中に質量17.3gの水蒸気が含まれている）が25℃に冷やされたとき，湿度は何％になるか。また，20℃になったときの湿度は何％か。

演習 の解答 25℃：75%

20℃：100%

気温〔℃〕	飽和水蒸気量〔g/m³〕	気温〔℃〕	飽和水蒸気量〔g/m³〕
0	4.8	16	13.6
1	5.2	17	14.5
2	5.6	18	15.4
3	5.9	19	16.3
4	6.4	20	17.3
5	6.8	21	18.3
6	7.3	22	19.4
7	7.8	23	20.6
8	8.3	24	21.8
9	8.8	25	23.1
10	9.4	26	24.4
11	10.0	27	25.8
12	10.7	28	27.2
13	11.4	29	28.8
14	12.1	30	30.4
15	12.8	31	32.1

考え方 気温25℃の空気の飽和水蒸気量は右の表から23.1g/m³であるから，

$$\frac{\text{気温30℃の空気1m}^3\text{中の水蒸気の量〔g〕}}{\text{25℃の空気1m}^3\text{中の飽和水蒸気量〔g〕}} \times 100 = \frac{17.3}{23.1} \times 100 = 74.8\%$$

気温20℃の空気の飽和水蒸気量は右の表から17.3g/m³であるから，

$$\frac{\text{気温30℃の空気1m}^3\text{中の水蒸気の量〔g〕}}{\text{20℃の空気1m}^3\text{中の飽和水蒸気量〔g〕}} \times 100 = \frac{17.3}{17.3} \times 100 = 100\%$$

教科書
p.263

実験のガイド

実験2 雲のでき方

❶ 空気を膨張させる。

図のような装置をつくり，ピストンを素早く引いたとき，ピストンを戻したときの，フラスコの中のようすや温度変化を観察する。

❷ 水と煙を入れる。

フラスコの中を少量の水でぬらした後，線香の煙を入れる。❶と同じように操作し，ピストンを引いたり，戻したりしてフラスコの中のようすや温度変化を観察する。

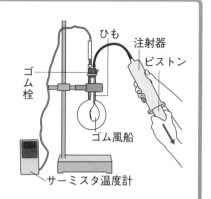

実験の結果

	引いたとき	戻したとき
ゴム風船	膨らんだ	しぼんだ
フラスコ	くもった	消えた
温度	下がった	上がった

結果から考えよう

①ゴム風船のようすや温度変化から，空気が膨張すると気圧や温度はどのように変化すると考えられるか。

→ピストンを引いて空気が膨張すると，ゴム風船が膨らんだことにより気圧が下がり，温度変化から温度が下がると考えられる。

②水や煙を入れた後の変化から，フラスコ内のくもりはどのようなしくみでできると考えられるか。

→水を入れたことによって，フラスコ内の空気中の水蒸気の量が増え，露点が高くなり，水蒸気が凝結しやすくなる。ピストンを引くと，空気が膨張して気圧が下がるため，温度も下がる。フラスコ内の空気の温度が露点に達すると，フラスコ内の空気中の水蒸気が煙を凝結核として無数の細かい水滴となり，フラスコ内がくもる。ピストンを戻すと，気圧が上がり，温度も上がって，露点が上がるため，水滴が水蒸気に戻り，くもりが消える。

単元4

3章

📖
教科書
p.264

実験のガイド

気圧と体積の関係を調べる実験

簡易真空容器の中に携帯気圧計(けいたい)と風船を入れ,空気が膨張して,気圧が低下すると,風船が膨らむことを確かめる。

✏️ **実験のまとめ**

空気が膨張して,気圧が低下すると,風船が膨らむ。

雲のでき方と雨や雪の降り方

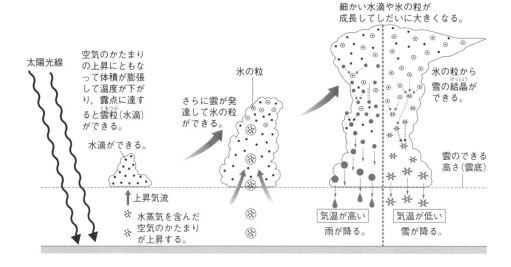

太陽光線

空気のかたまりの上昇にともなって体積が膨張して温度が下がり,露点に達すると雲粒(くもつぶ)(水滴)ができる。

水滴ができる。

さらに雲が発達して氷の粒ができる。

氷の粒

細かい水滴や氷の粒が成長してしだいに大きくなる。

氷の粒から雪の結晶(けっしょう)ができる。

雲のできる高さ(雲底)

↑上昇気流
※ 水蒸気を含んだ空気のかたまりが上昇する。

気温が高い
雨が降る。

気温が低い
雪が降る。

❷ 前線と天気の変化

テーマ 気団　前線　偏西風

教科書の まとめ

□ **気団**（きだん）
▶大陸や海洋などの広い場所に長い間とどまっている，気温・湿度がほぼ一様な空気のかたまり。冷たい空気をもつ**寒気団**（かんきだん）とあたたかい空気をもつ**暖気団**（だんきだん）がある。

□ **前線面**（ぜんせんめん）
▶性質の異なる気団が接した境界面。

□ **前線**（ぜんせん）
▶前線面が地表面と交わるところ。

□ **停滞前線**（ていたいぜんせん）
▶寒気団と暖気団の勢力がほぼ同じで，風の向きが前線と平行になって停滞した前線。（停滞前線の記号： ━●━▲━●━▲━ ）

□ **寒冷前線**（かんれいぜんせん）
▶寒気が暖気を押し上げるように進む前線。前線付近では上にのびる雲が発達し，狭い範囲に強い雨が短い時間降る。雷，突風（とっぷう）をともなうことが多い。通過後は，風向は南寄りから西または北寄りに急変し，気温が**下がる**。（寒冷前線の記号： ━▼━▼━▼━▼ ）

→ やってみよう

□ **温暖前線**（おんだんぜんせん）
▶暖気が寒気にはい上がりながら進むことでできる前線。前線付近では雲が**広範囲**にでき，雨が長く降り続く。通過後は暖気に入り，気温が**上がる**。（温暖前線の記号： ━●━●━●━ ）

□ **閉塞前線**（へいそくぜんせん）
▶寒冷前線が温暖前線に追いついてできた前線。
（閉塞前線の記号： ━▲●━▲━▲●━ ）

□ **偏西風**（へんせいふう）
▶日本付近の上空にふいている西風。この風によって，日本付近では移動性高気圧や温帯低気圧，台風（たいふう）などが**西**から**東**へ移動する。

→ やってみよう

教科書 p.267 実験のガイド

前線面のモデルをつくる実験

❶ 仕切り板で水槽を2つに分けて保冷剤を入れ,線香の煙を充満させる。

仕切り板

寒気　暖気

保冷剤

保冷剤と同じくらいの高さの黒い台を置く。

❷ 仕切り板を上に引き抜く。

前線面

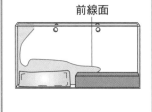

❸ 寒気が暖気の下に滑りこんでいく。

実験のまとめ

寒気が暖気の下に滑りこんでいくことから,

・寒気と暖気はすぐには混じり合わない。

・寒気は暖気より密度が大きい。

ことがわかる。

教科書 p.271 やってみよう

前線がいつ通過したのかを知るにはどのようにすればよいか考えてみよう

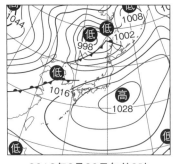

2012年3月30日午前9時

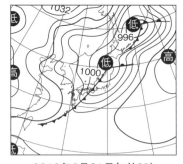

2012年3月31日午前9時

Aさん「前線は目に見える線ではないのに,天気図には表されているね。」

Bさん「これまで気象観測してきた結果を見直すとわかることがあるかもしれないね。」

Cさん「夜ではないのに急に気温が下がった日があったような…」

やってみようのまとめ

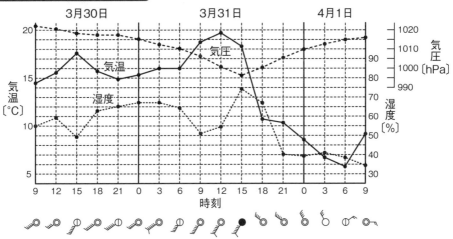

上の図は，前線の通過前後の気温，湿度，気圧，風向・風力，天気の変化を観測した結果である。何日の何時ごろ，どんな前線が通過していったか考える。

→前線通過時には，気温，風向，気圧などの気象要素にそれぞれほぼ同時刻にはっきりとした変化が見られることが多い。上の図では，3月31日の15時に気象要素の変化が見られる。

・15時から18時にかけて，気温が急激に<u>下がって</u>いる。

・15時ごろ，湿度が急激に<u>上がり</u>，その後，急速に<u>下がって</u>いる。

・15時まで気圧が<u>下がり</u>続けていたが，その後，気圧が<u>上がって</u>いる。

・15時に<u>南寄り</u>であった風向が18時には<u>北寄り</u>（西寄り）に変わっている。

・15時ごろ，最も風力が<u>強く</u>なっている。

・15時ごろ，一時的に<u>雨</u>が降っている。

これらのことから，3月31日の15時ごろに<u>寒冷前線</u>が通過したと考えられる。

前線通過後の気圧の上昇は，<u>高気圧</u>が近づいているためだと考えられる。

教科書
p.272

やってみよう

高気圧や低気圧の移動について調べてみよう

❶ 春や秋の1週間程度の連続した新聞天気図や気象衛星雲画像を集める。

❷ 移動性高気圧（⇨ 1）と温帯低気圧（⇨ 2）の移動方向や速度を調べる。

❸ 次のような点について，まとめる。

　①移動性高気圧と温帯低気圧はそれぞれどちらの方向に移動するか。

　②温帯低気圧の気圧はどのように変化するか。

> ✖1　温帯低気圧の後から低気圧とともに移動してゆく高気圧。日本付近では春と秋に頻繁に現れる。

> ✖2　中緯度の偏西風帯に沿って発生・発達する低気圧をいう。熱帯〜亜熱帯で発生する熱帯低気圧と異なり前線をともなう。

🗻 やってみようのまとめ

 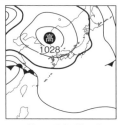 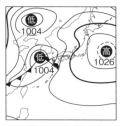 

4月12日午前9時　　4月13日午前9時　　4月14日午前9時　　4月15日午前9時

・春や秋には高気圧と低気圧が<u>西</u>から<u>東</u>に向かって交互に通り過ぎていくことが多い。

・日本付近の移動性高気圧や温帯低気圧は，（日本の）上空でふいている<u>偏西風</u>の影響で，<u>西</u>から<u>東</u>へ１日に数百〜1000km移動する。

教科書
p.273

章末問題

①飽和水蒸気量は，気温が変化すると，どのように変わるか。

②雲はどのようにしてできるか。

③寒気が暖気を押し上げて進む前線を何というか。また，その前線の通過にともなって，天気はどのように変化するか。

④日本付近の高気圧や低気圧は，ふつうどのように移動するか。

解答　①気温が高くなるほど増え，低くなるほど減る。

②空気が上昇すると，気圧が下がって温度が下がる。空気の温度が露点に達すると，空気中の水蒸気が空気中の小さなちりを凝結核として無数の細かい水滴や氷の粒となり，雲ができる。

③寒冷前線。せまい範囲に強い雨が短い時間降る。通過後は，風向が南寄りから西または北寄りに急変し，気温は下がる。

④西から東へ移動する。

①気温と飽和水蒸気量の関係を表したグラフは右図のようになる。グラフより，気温が上がるほど，飽和水蒸気量が増える。

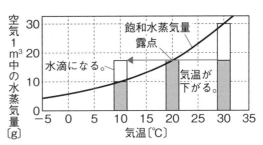

②雨粒（あまつぶ）の直径には，いろいろな大きさのものがある。右図から，雨粒，霧粒（きりつぶ），雲粒の代表的な大きさは，それぞれおよそ半径2mm，0.1mm，0.01mmである。これらの数値から計算すると，1個の雨粒ができるにはおよそ8000個の霧粒，およそ800万個の雲粒が必要であることがわかる。

③寒冷前線が温暖前線に追いつくと，閉塞前線ができて，やがて低気圧は消えていく。

④日本付近の移動性高気圧や温帯低気圧は，偏西風の影響で，西から東へ移動する。

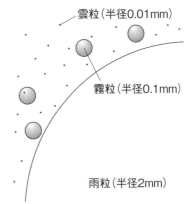

凝結核の大きさは，雲粒の大きさのおよそ1000分の1～10分の1程度である。

テスト対策問題

解答は巻末にあります。

時間30分

/100

1 気温と飽和水蒸気量との関係が右の図のようであるものとして、次の問いに答えよ。ただし、(4)では小数第1位を四捨五入して整数で答えよ。　10点×5(50点)

(1) 最も湿度の低い空気は図のア～ウのどれか。

（　　　）

(2) 図のアの空気は気温が何℃になると水蒸気で飽和している状態になるか。　（　　　）

(3) (2)のように、水蒸気で飽和している状態に達したときの温度を何というか。　（　　　）

(4) 図のウの空気の湿度は何％か。　（　　　）

(5) 図のウの空気の温度が10℃になると、空気1 m³につき何gの水蒸気が水滴になるか。

（　　　）

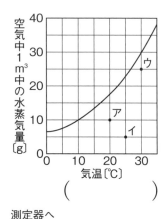

2 フラスコに少量の水を入れ、よく振ってから線香の煙を入れた。その容器を使って、右の図のような装置をつくった。フラスコには、サーミスタ温度計を入れてフラスコの中の空気の温度を測定した。次の問いに答えよ。

10点×3(30点)

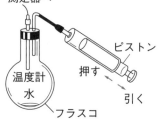

(1) フラスコの中が白くくもるのは、ピストンを押すときと引くときのどちらか。　（　　　）

(2) (1)のとき、フラスコの中の温度はどうなるか。　（　　　）

(3) この実験から、水蒸気を含む同じ温度の空気のかたまりから、最も雲ができやすいと考えられる条件は、次のア～エのうちどれか。　（　　　）

　ア　湿度の高い空気のかたまりが大気中を下降するとき。
　イ　湿度の高い空気のかたまりが大気中を上昇するとき。
　ウ　湿度の低い空気のかたまりが大気中を下降するとき。
　エ　湿度の低い空気のかたまりが大気中を上昇するとき。

3 右の図は日本付近の天気図である。これを参考にして、次の（　）に適する語句を入れよ。

10点×2(20点)

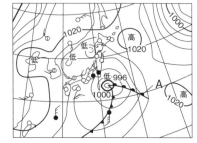

　前線A付近では、①（　　　）い範囲で雨が降り、前線Aの通過後は気温が②（　　　）がる。

単元4 気象のしくみと天気の変化

4章 日本の気象

① 日本の気象の特徴

テーマ
季節風　海陸風
日本周辺の気団(シベリア気団，小笠原気団，オホーツク海気団)

教科書の まとめ

□季節風

▶日本付近には気温や湿度の異なる気団がある。それぞれの気団が季節によって発達したり衰えたりするためにふく，それぞれの季節に特有の風。

→ やってみよう

□日本周辺の気団の特徴

▶① シベリア気団(シベリア高気圧)…シベリアで発生する寒冷・乾燥の気団で，冬に発達し，日本に北西の季節風をもたらす。

② 小笠原気団(太平洋高気圧)…北太平洋西部で発生する高温・湿潤の気団で，夏に発達し，日本に南東の季節風をもたらす。また，つゆや秋雨の季節に日本付近で生じる停滞前線(梅雨前線や秋雨前線)の原因になる。

③ オホーツク海気団…オホーツク海上で発生し，低温・湿潤の気団で，初夏や秋に発達し，小笠原気団との間で停滞前線をつくる(梅雨前線や秋雨前線)。

> **参考**
> 気団の性質で，「寒冷」とは0℃より低く，「低温」とは温度は低いが0℃より高いことを示している。

□海陸風

▶海風と陸風のこと。

① 海風…昼間，海から陸に向かってふく風。

② 陸風…夜間，陸から海に向かってふく風。

> **参考**
> 昼に日射が強くなると，陸は海よりもあたたまりやすいため，陸上の空気の密度が小さくなって低圧となり，海から陸に向かって風がふく(海風)。夜になると，陸は海よりも冷えやすいため，気圧は陸で高くなり，陸から海に向かって風がふく(陸風)。季節風も大陸と海洋のあたたまりやすさと冷えやすさのちがいによって生じる。

単元4

4章

教科書 p.274

やってみよう

各地の気象を比べてみよう

❶ 図から，都市の位置と，降水量と気温に関係があるか話し合ってみよう。

❷ 図から，日本の都市の降水量と気温に関係があるか話し合ってみよう。

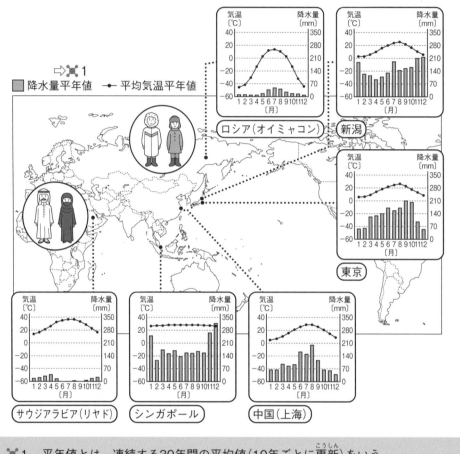

☒1　平年値とは，連続する30年間の平均値（10年ごとに更新）をいう。

🔺 やってみようのまとめ

❶ リヤドと上海は，緯度がほぼ同じであるが気温や降水量にちがいがあることがわかる。内陸に位置するオイミャコンとリヤドは，1年を通じて降水量が少ない。

❷ 日本では，東京で夏に降水量が多く，新潟で冬に降水量が多くなっている。

教科書 p.276

実験のガイド

陸と海のあたたまり方のちがいをモデルを使って調べる実験

プラスチックの容器に同じ体積の砂と水を入れ，それぞれに同じように日光を当てる。1分ごとに10分間，赤外線放射温度計で砂と水の表面温度を測定する。

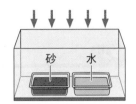

砂　水

赤外線放射温度計

実験の結果

結果の例：

時間〔分〕		0	1	2	3	4	5	6	7	8	9	10
温度〔℃〕	砂	34.3	35.4	37.1	36.7	37.3	36.9	37.7	37.4	38.4	38.4	38.4
	水	27.5	27.9	28.6	27.8	29.6	29.5	29.7	28.7	27.9	28.7	27.1

砂は8分間で38.4℃まで上がって，10分後までそのままの温度で安定している。水は温度が上がったり下がったりを繰り返し，10分後にははじめより低い温度になっている。

このことから，陸の方が海よりもあたたまりやすいことがわかる。

単元4

4章

❷ 日本の四季

教科書の まとめ

□春の天気　▶高気圧と低気圧が日本付近に次々にやってきて，西から東へ通り過ぎていくことが多い。高気圧が近づくと温暖で乾いた晴天となるが，昼と夜の気温差が大きく，とくに放射冷却により夜間の気温が大きく下がると遅霜(おそじも)にみまわれ，農作物に被害(ひがい)が出る。また，低気圧が近づくと雲が増え，雨になることが多く，風も強まる。こうして，春は4〜6日くらいの周期で天気が変わることが多い。

□つゆ　▶5月中旬(ちゅうじゅん)から7月下旬(げじゅん)にかけて，北海道(ほっかいどう)を除く日本列島は長期間のつゆ(梅雨)(ばいう)に入る。勢力がほぼつり合っているオホーツク海気団(低温・湿潤)と小笠原気団(高温・湿潤)がぶつかって停滞前線(梅雨前線)(ばいうぜんせん)ができ，前線付近では，2つの気団とも水蒸気を多量に含んでいるため，絶え間なく雲ができ，雨が降る。

□夏の天気　▶小笠原気団の勢力が強くなり，つゆが明けると夏になる。日本列島は小笠原気団に覆われ，南東の季節風がふき，高温で湿度が高く，蒸し暑い晴天の日が続くことが多い。

□秋の天気　▶残暑が過ぎると秋雨前線の影響で雨になることが多いが，その後は移動性高気圧に覆われ晴天となる。

　知識
　8月下旬(げじゅん)から10月上旬にかけて，長雨をもたらす停滞前線を秋雨前線という。

□冬の天気　▶11月から2月は，シベリア高気圧が発達し，気圧配置は西高東低となる。冬にシベリア気団からふく乾いた北西の季節風は，日本海を渡るときに，海面から大量の水蒸気を吸収するので，日本海側に大量の雪を降らせ，太平洋側は乾いた晴天の日が続く。

→ やってみよう

□<ruby>西高東低<rt>せいこうとうてい</rt></ruby>	▶冬に典型的な気圧配置。西の大陸の気圧が高く，東の太平洋側で気圧が低いこと。
□台風	▶熱帯の海上で発生した熱帯低気圧のうち，中心付近の最大風速が17.2m/s以上になったもの。

・等圧線は同心円状で前線はない。

・進路は，偏西風の影響を強く受ける。

・あたたかい海面から蒸発した水蒸気が凝結するときの熱をエネルギー源として発達する。

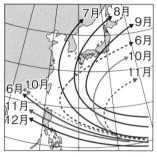

同じ月でも点線のような経路になることもある。

春，秋の天気図

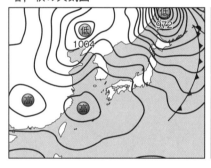

つゆの天気図

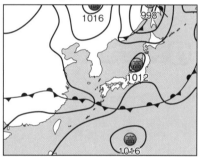

夏の天気図

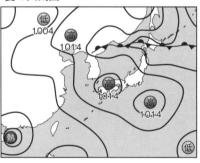

台風の天気図

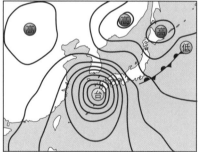

冬の天気図

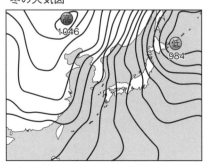

単元4

4章

やってみよう

すじ状の雲を再現してみよう

❶ 図のようなすじ状の雲発生装置をつくる。ファンを回して，線香の煙を送る。

❷ 湯を入れたトレー上にすじ状の雲が発生するのを観察する。

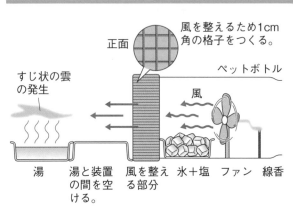

やってみようのまとめ

すじ状の雲が観察できた。このことより，シベリア気団からふき出す，寒冷で乾いた風が，日本海の上を通過するとき，水蒸気を含むことがわかる。

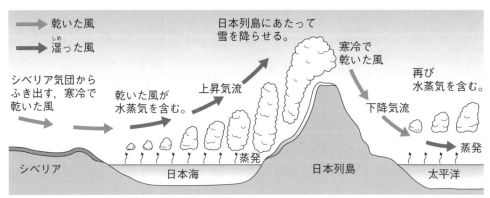

❸ 自然の恵みと気象災害

テーマ
太陽のエネルギー
気象災害と自然の恵み

教科書の まとめ

□太陽のエネルギー
▶水を循環させたり，大気を動かしたりしているエネルギーは，太陽のエネルギーである。太陽からの光は，明るさをもたらすだけでなく，光合成を通じた作物の生産活動，太陽光発電に大きく関わっている。

□気象災害
▶日本は降水量が多いため，雨による災害がもたらされることが多いが，同時に，雨や雪は貴重な水資源でもある。 → やってみよう

① つゆのころの天気…大雨が降ると，土砂災害，洪水，浸水などの被害をもたらす。反対に，からつゆ（つゆの期間中に雨がほとんど降らないこと）による水不足にみまわれることもある。

② 台風…大雨，強風や高潮・高波による災害，竜巻などの突風災害をもたらす。

参考
高潮は，台風や低気圧の強風による海面のふき寄せと，気圧の低下による海面の上昇のために起こる。津波と同じように潮位全体が高くなる非常に危険な現象である。

③ 発達した積乱雲…落雷により，電子・電気機器が故障したり，人が死亡したり，けがをしたりすることがある。竜巻により，建物が壊れたり，車が横転したりする。短い時間での激しい雨により，低い土地や地下街に浸水などの被害が生じる。

④ 冬季の，北日本や日本海側の大雪…交通網の遮断による物資補給の停滞，雪下ろしの際の事故などの災害をもたらすが，同時に，冬の間に降り積もった雪がとけ，田植えの時期に多量の水をもたらす。

□自然の豊かな恵み
▶四季折々の天気の変化は，豊富な降水がもたらす豊かな水をはじめ，多様な動植物によるさまざまな農林・水産資源をもたらしている。この日本の変化に富む気象は，レジャーや観光産業，俳句や絵画といった文化・芸術を生んだ。 → やってみよう

単元4

4章

教科書
p.286
やってみよう

気象がもたらす恵みや災害について調べてみよう

私たちが，地球からどのような気象の恵みを受けているのか，また，最近発生した気象災害や，災害を防ぐ工夫について調べてみよう。

❶ インターネットで調べる。

❷ 図書館や博物館，科学館など地域の施設を利用して調べる。

❸ 身のまわりに詳しい人がいれば，聞きとり調査を行う。

❹ 調べたことを発表してまとめる。

🏔 やってみようのまとめ

例：日本にやってくる台風による被害

・昭和34年（1959年）の伊勢湾台風では，高潮の影響で5000名を超える死者・行方不明者が出た。

・平成23年（2011年）の台風12号では，紀伊半島で2000mmの記録的な雨量となり，土砂崩れで多くの人的被害が発生した。この災害の後，特別警報が導入された。

・平成27年（2015年）の台風18号による関東東北豪雨では，関東から東北に延びる線状の降水帯が長時間停滞し，鬼怒川の上流に記録的な大雨をもたらし，堤防が決壊し甚大な洪水被害が発生した。

・平成30年（2018年）の台風21号では，高潮で関西国際空港が冠水して飛行機が運用できなくなったり，強風によって車が横転したりするなど多くの被害が生じた。

→台風が来ないと水不足になることがある。気象現象は恵みと災害のどちらの面ももっている。どんな場所でどんな災害が起こりやすいのか知っていれば災害から身を守ることができる。

章末問題

①シベリア気団が発達する季節はいつか。

②日本付近の気団のうち, 高温・湿潤の性質をもつ気団は何か。

③太陽の光によって陸が海よりあたたまると, 風はどこからどこに向かってふくか。

④日本付近に梅雨前線ができる時期はいつごろか。

⑤冬の日本付近で見られる特徴的な気圧配置を何というか。

⑥台風がやってきたときに注意すべき災害にはどのようなものがあるか。3つあげなさい。

 解答
①冬

②小笠原気団

③海から陸

④5月中旬から7月下旬ごろ

⑤西高東低

⑥(例)大雨, 強風, 高潮, 高波

 考え方
①シベリア気団が発達することにより, 気圧が西の大陸で高く, 東の太平洋側で低い, 西高東低の気圧配置となる。

②高温なので南の気団, 湿潤なので海洋の気団と考えられる。シベリア気団は寒冷・乾燥, 小笠原気団は高温・湿潤, オホーツク海気団は低温・湿潤の性質をもっている。

③陸があたたまると陸に上昇気流が生じ, 気圧は低くなる。そのため, 気圧が高い海から気圧が低い陸に向かって風(海風)がふく。

④梅雨前線は, 北のオホーツク海気団と南の小笠原気団がぶつかってできる。

⑤等圧線が縦方向(南北方向)に並ぶ天気図となる。

テスト対策問題

解答は巻末にあります。

時間30分　　/100

1 右の図は，日本周辺の３つの気団を表したものである。次の問いに答えよ。　6点×5(30点)

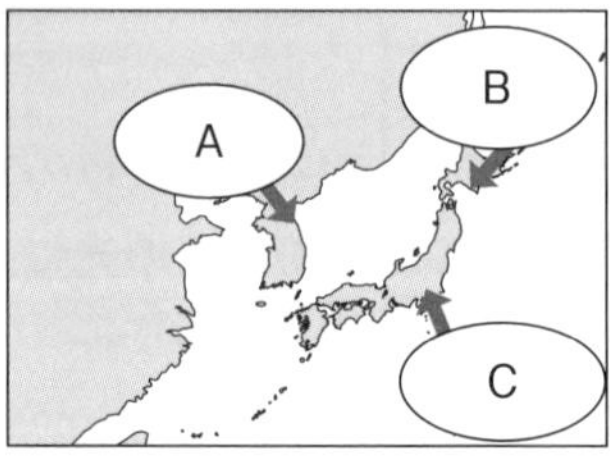

(1) オホーツク海気団は，A～Cのどれか。　(　　)

(2) 高温・湿潤の性質をもつ気団は，A～Cのどれか。　(　　)

(3) 初夏と秋に発達する気団は，A～Cのどれか。　(　　)

(4) 北西の季節風をふき出す気団は，A～Cのどれか。　(　　)

(5) つゆ(梅雨)のときは，A～Cのどの気団とどの気団の勢力がつり合っているか。　(　　　　)

2 下の①～③の天気図について，あとの問いに答えよ。　7点×6(42点)

①
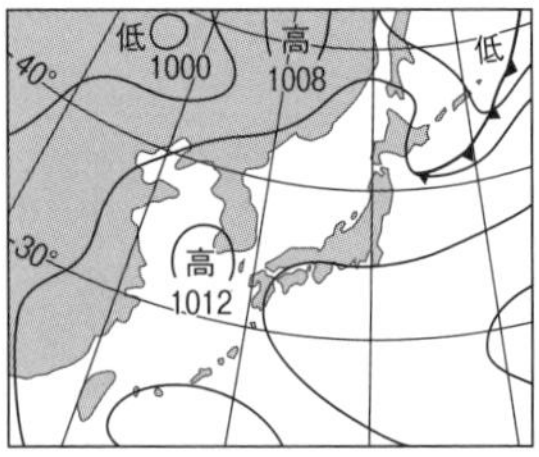

②
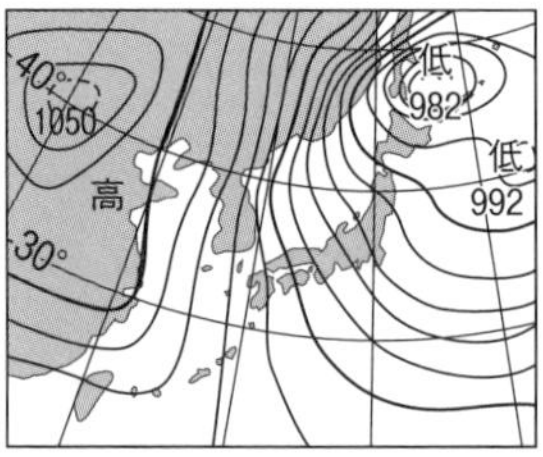

③
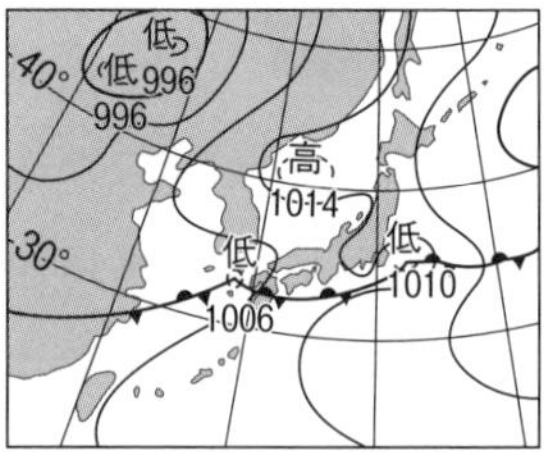

(1) ①～③の天気図の季節は，それぞれ次のア～エのどれか。

①(　　)　②(　　)　③(　　)

ア 春　　イ 夏　　ウ 冬　　エ つゆ(梅雨)

(2) ①の季節のときにふく季節風の風向を答えよ。　(　　　　)

(3) ②の季節のときは，どのような気圧配置になるか。　(　　　　)

(4) ③の季節のときに現れる停滞前線を何というか。　(　　　　)

3 右の図は，冬の季節風と日本付近の天気を表したものである。次の問いに答えよ。　7点×4(28点)

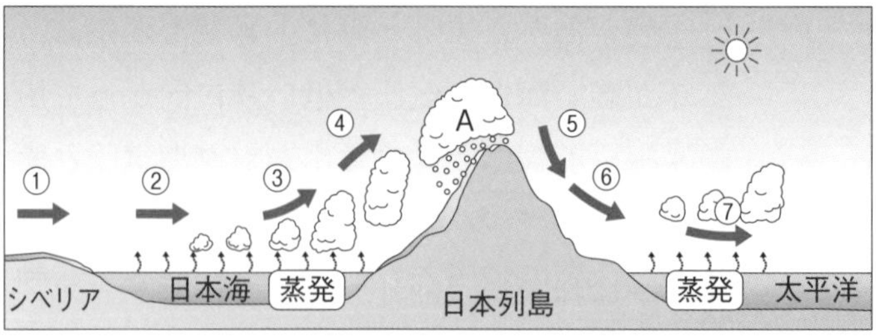

(1) ①の風は何という気団からふき出してくるか。　(　　　　)

(2) ①～⑦の風のうち，湿った風はどれか。すべて答えよ。　(　　　　)

(3) 雲Aは，日本列島にあたって，日本海側に何を降らせるか。　(　　　　)

(4) 太平洋側はどのような天気の日が続くか。　(　　　　)

単元 4 気象のしくみと天気の変化

探究活動 明日の天気はどうなるか

明日の天気はどうなるか

テーマ 天気の変化は予想できるのか。

教科書の まとめ

□雨の強さと 降り方 ▶（気象庁の資料による）

1 時間雨量 (mm)	予報用語	人の受けるイメージ	人への影響
10〜 20mm	やや強い雨	ザーザーと降る。	地面からの跳ね返りで足元がぬれる。
20〜 30mm	強い雨	土砂降り。	傘をさしていてもぬれる。
30〜 50mm	激しい雨	バケツをひっくり返したように降る。	
50〜 80mm	非常に激しい雨	滝（たき）のように降る。（ゴーゴーと降り続く。）	傘は全く役に立たなくなる。
80mm〜	猛烈（もうれつ）な雨	息苦しくなるような圧迫（あっぱく）感がある。恐怖（きょうふ）を感じる。	

教科書 p.288

実習をしよう

明日の天気はどうなるか

❶ 天気の変化を予想するためにはどのような情報が必要か。

　①高気圧，低気圧や前線の移動などの情報を用意し，天気がどう変化するのか予想する。

　②前日の天気図を見て，どのくらいの距離を低気圧が移動したのか考えてみる。

❷ 自分の予想を説明して，他の人の予想と比べてみる。

🧪 **実習の結果**

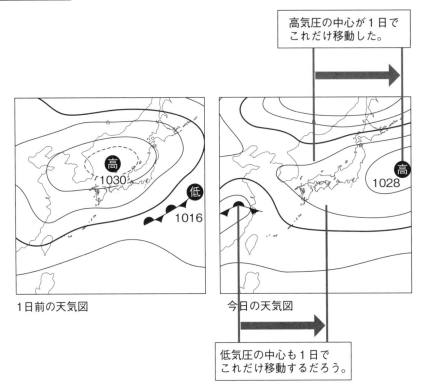

高気圧の中心が1日で
これだけ移動した。

1日前の天気図

今日の天気図

低気圧の中心も1日で
これだけ移動するだろう。

明日の天気の予想

　1日前は高気圧が日本中を覆って晴れたが，今日の天気図では高気圧が日本の東に通過して，西の方に前線が見えている。

↓

高気圧の中心が，1日で，3000km（日本列島の東西の長さ）くらい移動した。
だから，今日，ユーラシア大陸にある前線の中心も，1日で3000kmくらい移動するだろう。

↓

明日はこの前線の中心が低気圧の中心になって，四国の北くらいに到達しそうだ。前線の中心は低気圧の中心となり，南西に寒冷前線がのびるだろう。

↓

明日の天気は，中国，四国と九州北部は雨となりそうだ。
近畿，中部，関東，東北も，前線が通過するところは，順次雨になりそうだ。

単元末問題

1 気象観測

校庭で気象観測を行った。次の問いに答えなさい。

①雲が空全体の8割を占めていた。このときの天気は何か。

②乾湿計の乾球と湿球は，図1のようであった。表を参考にして，このときの気温と湿度を求めなさい。

図1

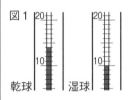

乾球　湿球

表

乾球の読み〔℃〕	乾球と湿球との目盛りの読みの差〔℃〕				
	1	2	3	4	5
16	89	79	69	59	50
15	89	78	68	58	48
14	89	78	67	57	46
13	88	77	66	55	45
12	88	76	65	53	43
11	87	75	63	52	40
10	87	74	62	50	38
9	86	73	60	48	36

③南東から，風速4.2m/s（風力3）の風がふいていた。このときの風向，風力，①の天気を図2に記号で表しなさい。

図2

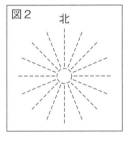

北

解答

①晴れ

②気温14.0℃　　湿度57％

③

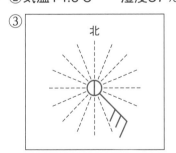

北

考え方　①空全体を10としたときの雲が占める割合（雲量）が0と1のときは「快晴」，2〜8のときは「晴れ」，9と10のときは「くもり」である。

②図1より，乾球の温度は14.0℃，湿球の温度は10.0℃であるから，その差は4℃である。表の乾球の読みが14℃の行と，乾球と湿球との目盛りの読みの差が4℃の列の交わるところを見ると，57なので，求める湿度は57％となる。

③「南東の風，風力3，晴れ」を天気図記号で表す。

2 圧力

図のように，2.4kgの直方体とスポンジを使って圧力について調べた。次の問いに答えなさい。ただし，100gの物体にはたらく重力の大きさを1Nとする。

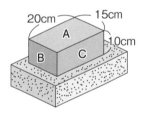

①この直方体にはたらく重力の大きさは何Nか。

②A〜Cの各面の面積はそれぞれ何m²か。

③A〜Cの各面を下にしたとき，スポンジに加わる圧力の大きさはそれぞれ何Paか。

④スポンジのへこみが最も大きいのは，A〜Cのどの面を下にしたときか。

解答
①24N
②A：0.03m²
　B：0.015m²
　C：0.02m²
③A：800Pa
　B：1600Pa
　C：1200Pa
④B

考え方
①2.4kg＝2400gの直方体にはたらく重力の大きさは，
(2400g÷100g)×1N＝24Nである。
②m²に換算して求めることに注意する
(1m²＝10000cm²)。
A：0.2m×0.15m＝0.03m²
B：0.15m×0.1m＝0.015m²
C：0.2m×0.1m＝0.02m²
③圧力[Pa]＝$\frac{面に垂直に加わる力[N]}{力が加わる面積[m^2]}$

A：$\frac{24N}{0.03m^2}$＝800Pa

B：$\frac{24N}{0.015m^2}$＝1600Pa

C：$\frac{24N}{0.02m^2}$＝1200Pa
④圧力がいちばん大きいとき，スポンジのへこみが最も大きくなる。

3 空気中の水蒸気の変化

図のように，金属製のコップにくみ置きの水を入れて温度をはかり，氷を入れた試験管で水温を下げていった。水温が10℃になったとき，コップの表面がく

気温〔℃〕	飽和水蒸気量〔g/m³〕
0	4.8
5	6.8
10	9.4
15	12.8
20	17.3
25	23.1
30	30.4

もり始めた。次の問いに答えなさい。

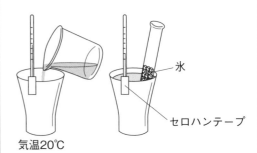

氷
セロハンテープ
気温20℃

①コップの表面がくもり始めたとき，コップに接している空気中の水蒸気は，どのような状態になっているといえるか。
②コップの表面がくもり始めたときの気温を，その空気の何というか。
③実験を行ったときの②では，空気1m³中に何gの水蒸気を含むことができるか。
④実験を行ったときの気温は20℃であった。このときの湿度は何％か。小数第一位を四捨五入して整数で答えなさい。

解答
①飽和(状態)
②露点
③9.4g
④54％

考え方
①水蒸気をそれ以上含むことができない状態の空気は，水蒸気で飽和しているという。
②水蒸気を含んでいる空気が冷え，ある温度になると，凝結が始まり水滴(露)ができ始める。このときの温度を，その空気の露点という。
③10℃のときの飽和水蒸気量は，表より，9.4g/m³である。したがって，10℃の空気1m³中には9.4gの水蒸気まで含むことができる。

④このときの空気が含んでいる水蒸気量を，20℃のときの飽和水蒸気量に対する百分率で表したものが湿度である。

空気1m³中の飽和水蒸気量は10℃（露点）で9.4gである。20℃で17.3gなので，湿度は，9.4÷17.3×100＝54.3…より，54％となる。

4 前線付近の天気の変化

　図は日本付近の天気図の一部を示している。次の問いに答えなさい。

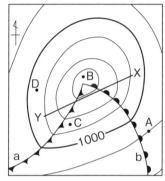

①この天気図に表されているのは高気圧，低気圧のどちらか。

②①のように考えた理由を述べなさい。

③A〜Dの地点で，最も気圧が高い地点はどこか。また，その気圧は何hPaと考えられるか。

④この天気図の中心部では，ア，イのどちらのような空気の流れがあるか。

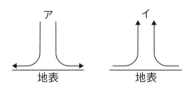

⑤a，bの前線の名前をそれぞれ答えなさい。

⑥Dの地点のおおよその風向を，次のア〜エより選びなさい。

　ア　北西　　イ　北東
　ウ　南西　　エ　南東

⑦A〜Dの地点で，この後，強い雨が降り始め，雨がやむと気温が下がると思われるのはどこか。

⑧前線を横切るX−Yの断面図として適切なものを，次のア〜エより選びなさい。

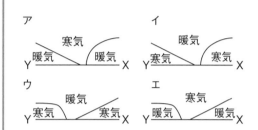

⑨日本付近を通る高気圧や低気圧は，一般にどの方角からどの方角へ移動するか。また，この動きに影響を及ぼす日本上空にふく強い風を何というか。

解答
①低気圧
②等圧線で囲まれた気圧の中心部から，寒冷前線と温暖前線がのびているから。
③A，1004hPa
④イ
⑤a：寒冷前線
　b：温暖前線
⑥ア
⑦C
⑧ウ
⑨西から東，偏西風

 考え方 ①②⑤低気圧の進む方向の前方に温暖前線，後方に寒冷前線ができる。

③低気圧の中心から遠ざかるほど気圧は高くなるので, A〜Dの地点のうちでは, Aの地点が最も気圧が高い。また, 等圧線は4hPaごとに引かれるので, A＝1004hPaとなる。

④地上付近では, 高気圧からふき出した風が低気圧に向かってふきこみ, 低気圧の中心部では上昇気流となる。このため, 低気圧の付近では雲ができやすく, くもりや雨になる。一方, 高気圧の中心部では下降気流となるので雲ができにくく, 晴れることが多い。

⑥北半球では, 低気圧のまわりの風は, 低気圧の中心（Bの付近）に向かって, 反時計回りにふきこむ。したがって, Dの地点では, 北西の風がふいていると考えられる。

⑦Cの地点は, このあと寒冷前線が通過することがわかる。寒冷前線の通過にともなって強い雨が短い時間降り, 寒冷前線の通過後は, 風向は南寄りから西または北寄りに急変し, 気温は下がる。

⑧寒冷前線では, 暖気が寒気に激しくもち上げられる。温暖前線では, 暖気が寒気の上に緩やかな傾斜ではい上がっていく。これらを正しく表しているのはウである。

⑨日本付近の上空にふいている西風（偏西風）の影響により, 日本付近では, 移動性高気圧や温帯低気圧, 台風などが西から東へ移動する。

5 前線の通過と天気の変化

図は, ある地点での3日間の天気と気温・湿度・気圧の変化をはかったものである。次の問いに答えなさい。

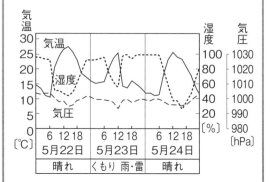

①晴れた日の気温と湿度の変化は, どのような関係にあるといえるか。

②このグラフの変化から, 前線が通過していったと考えられる。この前線は, 温暖前線と寒冷前線のどちらか。

③②の前線の通過は, 何日の何時ごろと考えられるか。また, その理由を述べなさい。

④このとき, 強い雨が降り, 雷があった。この前線にともなってどのような雲が発生したと考えられるか。

⑤24日の12時と18時は湿度が同じである。どちらの時間の方が空気中の水蒸気の量が多いか。

解答

①逆の関係

②寒冷前線

③23日の12時ごろ

理由：12時ごろを境に気温が急に下がり, 同時に湿度と気圧も変化している。天気は午前から午後にかけて, くもりから雷をともなう雨となっている。

④積乱雲（を含む積雲状の雲）

⑤12時

①晴れた日は，気温が上がると湿度が下がり，気温が下がると湿度が上がる。

②寒冷前線の通過後は，風向は南寄りから西または北寄りに急変し，気温は下がる。温暖前線の通過後は，暖気に入り，気温は上がる。

③23日の12時ごろに，気温，湿度，気圧が変化し，天気も変わっている。

④寒冷前線付近に発達する積乱雲はかみなり雲ともいわれ，激しい雷雨をともなうことが多い。

⑤18時よりも12時の方が気温が高いため，飽和水蒸気量も12時の方が大きいので，空気中に含まれていた水蒸気の量が多かったといえる。

6 大気の動きと海洋の影響

次の問いに答えなさい。

①夏に主に南東の季節風がふく理由を，陸と海のあたたまり方のちがいをもとに説明しなさい。

②冬に日本海を渡る北西の季節風が，日本海側に雪を降らせる理由を，空気中の水蒸気の量に注目して説明しなさい。

解答 ①夏は日射が強く，陸上の気温が海上より上昇し気圧が下がるので，気圧の高い海から陸に向かって風がふく。日本では，太平洋からユーラシア大陸に向かって南東の風が

ふく。

②日本海で大量の水蒸気を吸収した北西の季節風が日本列島の高い山（山脈）に沿って上昇し，雲が発達するため。

①海洋よりも大陸の方があたたまりやすいので，夏は海洋上の空気より大陸上の空気の方が温度が高くなって，大陸上で上昇気流が起こる。よって海洋上で下降気流が起こり，海洋から大陸へ向かって風がふく。

②日本の冬では，日本海上で大量に水蒸気を含んだ冷たい北西の季節風が，日本の中心部分を通る高い山脈に沿って上昇することでさらに温度が下がり，露点に達すると水滴に，氷点下となると氷の粒になる。このような理由で，冬の日本海側には多くの雪が降る。

7 日本の四季の天気

次のA，Bは，日本付近の夏と冬の天気図のいずれかである。次の問いに答えなさい。

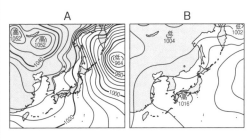

①A，Bの季節をそれぞれ答えなさい。

②Aに見られる気圧配置を何というか。

③A，Bの季節に大きな影響を及ぼす気団はそれぞれ何か。また，その気団の性質を，次のア〜エよりそれぞれ選びなさい。

単元4

　　ア　低温・湿潤　　イ　高温・湿潤
　　ウ　寒冷・乾燥　　エ　温暖・乾燥
④夏の天気の特徴を説明しなさい。

解答

①A：冬　B：夏

②西高東低

③A：シベリア気団，ウ

　　B：小笠原気団，イ

④南東の季節風がふき，高温で湿度
　が高く，蒸し暑い晴天の日が続く
　ことが多い。昼から夕方にかけ，
　雷雨をもたらすことも多い。

考え方

①②Aは，日本の西に高気圧，東
に低気圧がある西高東低の冬の気
圧配置である。Bは，南に高気圧，北に
低気圧がある南高北低の夏の気圧配置で
ある。

③Aの冬の天気に影響を及ぼすシベリア
気団は，シベリア付近に発達するシベリ
ア(大陸)高気圧の下で発生する，寒冷で
乾燥した気団。Bの夏の天気に影響を及
ぼす小笠原気団は，北太平洋の熱帯～亜
熱帯に発達する，高温で湿潤な気団。

読解力問題

① 天気の予想

解答

①等圧線の間隔がせまいと風が強く，広いと風が弱いと予想する。

②a：×，雨がやんだころ

b：○

c：×，高い

d：○

e：○

f：×，強い雨が短時間降る

g：○

考え方 ①地上の風は，気圧の高いところから低いところに向かってふく。等圧線の間隔が狭いところほど，強い風がふく。

②a：地点アは温暖前線が通過した後なので，長く降り続いた雨がやんだころである。

c：地点イは暖気，地点ウは寒気の中にあるので，地点イは地点ウより気温が高い。

f：地点ウは寒冷前線が通過するのにともない強い雨が短時間降る。

② 日本にやってくる台風

解答

台風はあたたかい海面から蒸発する水蒸気をエネルギー源として発達するが，図から，日本付近は，台風が発生する南の海よりも海面水温が低いので，蒸発する水蒸気の量が減少する。そのため，台風の勢力は衰えると考えられる。

考え方 「日本付近の8月の平均海面水温の平年値」の図を見ると，フィリピンの沖合などの高温多湿の熱帯上の海上と同様に，東北地方の南側くらいまでは赤い色を示していて海面水温が高いが，東北地方より北では，黄色→青色と，海面水温が下がっていることがわかる。

熱帯のあたたかい海上では上昇気流により次々と発生した積乱雲がまとまって渦状になり，台風が形成されやすい。水が水蒸気になるときには熱を供給する必要があるが，水蒸気から水になるとき（水蒸気が凝結して積乱雲ができるとき）は，逆に熱を放出し，それが台風のエネルギー源になる。日本を通りすぎたあたりでは，海からの水蒸気の供給が減り，積乱雲が発達できず，台風は勢力が衰えて（最大風速が17.2m/s未満となり），熱帯低気圧や温帯低気圧になり，消滅すると考えられる。

単元4

テスト対策問題 解答

単元1 化学変化と原子・分子

p.20 1章 物質の成り立ち

1 (1)酸素　(2)O_2
(3)色…白色　物質…銀　(4)Ag

2 (1)色…濃い赤色
わかること…水溶液が強いアルカリ性であること。
(2)塩化コバルト紙　(3)二酸化炭素
(4)化合物

3 (1)小さな電圧で電気分解を進めるため。
(2)陽極…酸素　陰極…水素
(3)O_2　(4)$2H_2O \longrightarrow 2H_2 + O_2$

解説

2 (1)炭酸水素ナトリウムは炭酸ナトリウムとちがい，水に少ししか溶けず，水溶液にフェノールフタレイン液を加えてもうすい赤色になるだけで，弱いアルカリ性を示すことがわかる。

3 (1)「電流を流しやすくするため。」と答えてもよい。

p.30 2章 いろいろな化学変化

1 (1)酸化鉄　(2)(1)の物質
(3)$2Mg + O_2 \longrightarrow 2MgO$
(4)二酸化炭素，水

2 (1)a…石灰水　気体…二酸化炭素
(2)色…赤色　物質…銅　(3)還元
(4)$2CuO + C \longrightarrow 2Cu + CO_2$

3 (1)㋐
(2)㋐水素が発生する。
㋑硫化水素が発生する。
(3)硫化鉄　(4)$Fe + S \longrightarrow FeS$

解説

1 (2)鉄と酸化鉄では，酸化鉄の方が結びついた酸素の分だけ質量が大きくなる。
(4)有機物は炭素原子と水素原子を含んでいるので，燃やすと二酸化炭素と水を生じる。

2 (4)酸化銅は還元されて銅になり，炭素は酸化されて二酸化炭素になる。

3 (1)混合物の中の鉄が磁石に引きつけられる。硫化鉄は磁石に引きつけられない。
(2)硫化水素は，特有のにおいのある気体。

p.42 3章 化学変化と熱の出入り 4章 化学変化と物質の質量

1 (1)ア　(2)発熱反応

2 (1)減少した。(減った。)
(2)発生した気体が空気中へ逃げたから。
(3)変化しない。　(4)質量保存の法則

3 (1)比例　(2)1.5g　(3)0.3g　(4)比例
(5)4：1　(6)$2Cu + O_2 \longrightarrow 2CuO$

解説

3 (1)(4)原点を通る直線は比例の関係を表す。
(3)1.5−1.2＝0.3g
(5)1.2g：0.3g＝4：1

単元2 生物の体のつくりとはたらき

p.61 1章 生物をつくる細胞

1 (1)A
(2)記号…ア　名称…葉緑体
記号…イ　名称…細胞壁
記号…オ　名称…液胞
(3)染色液　(4)細胞質　(5)細胞膜

2 (1)単細胞生物　(2)多細胞生物
(3)ミジンコ，オオカナダモ

3 (1)器官　(2)組織
(3)A…表皮組織　B…葉肉組織

解説

1 (1)Aには，植物の細胞だけにある葉緑体，細胞壁，液胞が見られる。

3 動物の器官の1つである胃は，上皮組織や筋組織からできている。

p.77 **2章　植物の体のつくりとはたらき**

[1] (1)イ　(2)葉の裏

[2] (1)葉緑体　(2)気孔　(3)D　(4)蒸散
(5)a…道管　b…師管　(6)葉脈
(7)光合成　(8)デンプン(など)，酸素
(9)水に溶けやすい物質　(10)呼吸

解説

[1] (1)ワセリンを塗ると，気孔をふさぐので，その部分からは蒸散できない。
(2)水の位置は，葉の表からは，㋑－㋒＝6mm，葉の裏からは，㋐－㋒＝65mm移動したと考えられる。気孔が多い部分ほど，水の位置がより大きく移動する。

[2] (4)気孔からは，水蒸気が放出されるが，光合成や呼吸で使われたり，生じたりする二酸化炭素や酸素も出入りしている。
(6)網目状になっている葉脈を網状脈，平行になっている葉脈を平行脈という。
(9)葉でできたデンプンは，水に溶けやすい物質に変わって体の各部に運ばれる。

p.97 **3章　動物の体のつくりとはたらき**

[1] (1)イ　(2)肺循環　(3)大動脈
(4)肺動脈　(5)オ

[2] (1)胆汁　(2)消化酵素
(3)デンプン…ブドウ糖
タンパク質…アミノ酸
(4)記号…f　突起…柔毛

[3] (1)a…オ　b…カ　c…ア　d…イ
A…ウ　B…エ
(2)①ウ　②イ　(3)反射

解説

[1] (2)心臓から肺以外の全身を回って心臓に戻る経路を体循環という。
(5)二酸化炭素は血液中から肺胞に出され，気管を通って鼻や口から体外に排出される。

[2] (1)胆汁は肝臓でつくられ，胆のうにためられた後，小腸に送り出される。

[3] (3)体のつり合いを保つことや体温を一定に保つことなどは無意識に行われているが，これらは反射の組み合わせで行われている。

単元3　電流とその利用

p.125 **1章　電流と回路**

[1] (1)C　(2)①直列回路　②並列回路

[2] (1)B点…200mA　D点…160mA
E点…160mA　F点…360mA
(2)1.8V

[3] (1)A…40Ω　B…20Ω　(2)60Ω

[4] (1)4.0Ω　(2)16W　(3)1920J
(4)4.2J

解説

[2] (1)並列回路なので，B点はC点と大きさは同じで200mA，D点とE点も大きさは同じで
360mA－200mA＝160mA
F点はA点と大きさは同じで360mAとなる。
(2)直列回路なので，BC間の電圧は
3.0－1.2＝1.8V

[3] (1)Aは，$\frac{4.0\mathrm{V}}{0.1\mathrm{A}}=40\Omega$

Bは，$\frac{4.0\mathrm{V}}{0.2\mathrm{A}}=20\Omega$

(2)直列つなぎなので，全体の抵抗は
40＋20＝60Ω

[4] (1)電熱線の抵抗は，
$\frac{8.0\mathrm{V}}{2.0\mathrm{A}}=4.0\Omega$
(2)電熱線の電力は，
8.0V×2.0A＝16W
(3)電熱線の発熱量は，2分＝120秒だから，
16W×120s＝1920J

p.139 **2章　電流と磁界**

1　①◀　　②▶　　③◀

　　④◀　　⑤↕

2　(1)イ　　(2)大きくなる。　　(3)イ
　　(4)ウ

3　(1)中央で静止する。
　　(2)左に振れる。
　　(3)電磁誘導　　(4)誘導電流
　　(5)コイルの巻数を多くする。
　　　磁石の磁力を大きくする。
　　　磁石を速く動かす。

解説

1　棒磁石の磁界の向きは，N極からS極へ向かう向きである。1本の導線のまわりの磁界の向きは，電流の向きに対して右ねじの回る向きである。

3　(1)磁石を静止させると，コイルの内部の磁界は変化しない。

p.146 **3章　電流の正体**

1　(1)引き合う。　　(2)退け合う。
　　(3)退け合う力　　(4)引き合う力

2　(1)電子　　(2)電子線　　(3)dの極
　　(4)cの極　　(5)－の電気
　　(6)下に曲がる。
　　(7)逆になっている。

3　(1)ウ　　(2)放射能

解説

2　(2)電子線はかつては陰極線とよばれた。
　　(6)電子線は磁石によって曲がる。
　　(7)電子が発見される前に，電流の向きは＋極から－極へ流れる向きと決められた。

3　(1)　ア…透過性が一番強いのはγ線。
　　　　イ…シーベルトの単位記号はSv。

単元4　気象のしくみと天気の変化

p.166 **1章　気象観測**

1　(1)図1…風向と風速　　図2…気圧
　　(2)イ

2　(1)乾湿計　　(2)A
　　(3)①13℃　　②77%

3　(1)A…気圧　　B…気温　　C…湿度
　　(2)①下がる。　　②小さい。
　　　③くもりや雨になることが多い。

解説

2　(3)①乾球が気温を表す。Bの湿球はガーゼの表面の水が蒸発するので，乾球よりも温度が低くなる。
　　②乾球と湿球の温度の差は2℃であるから，湿度表から湿度は77%である。

3　(1)Aは値が小さくなると天気が雨になっていることから，気圧を表していることがわかる。BとCは，晴れた日，気温が上がると湿度が下がることから判断する。

p.173 **2章　気圧と風**

1　(1)0.002m²　　(2)3000Pa　　(3)ア

2　(1)南西　　(2)1　　(3)くもり

3　(1)A　　(2)1008hPa　　(3)ウ　　(4)エ

解説

1　(1)4cm×5cm＝20cm²，1cm²＝0.0001m²だから，20cm²＝0.002m²

　　(2)圧力〔Pa〕＝$\dfrac{6\text{N}}{0.002\text{m}^2}$＝3000Pa

2　(1)矢羽根の向きは南西を指している。
　　(2)矢羽根の数は1である。
　　(3)◎はくもりの天気記号である。

3　(2)等圧線は4hPaごとに引かれ，1000hPaを基準に20hPaごとに太線になる。
　　(3)等圧線の間隔が最も狭いウの風力が最も大きいと考えられる。
　　(4)低気圧のまわりの風は，低気圧の中心に

向かって，反時計回りにふきこむ。

p.184 **3章　天気の変化**

1 (1)イ　　　(2)10℃
　　(3)露点　　(4)83%
　　(5)15g

2 (1)引くとき　　(2)下がる。　　(3)イ

3 ①広　　②上

解　説

1 (1)図の点ア，イ，ウは，それぞれの気温
における実際に含まれている水蒸気量を表
している。ア，ウの空気の湿度は50%以上,
イの空気の湿度が50%以下であることが読
みとれる。

(4)$\dfrac{25\mathrm{g/m^3}}{30\mathrm{g/m^3}}\times100=83.3\cdots$より，83%

(5)10℃での飽和水蒸気量は10g/m³である。
ウの空気を10℃まで下がると，空気1m³
につき

$25-10=15\mathrm{g/m^3}$

の水蒸気が水滴になる。

2 (1)(2)ピストンを引くと，フラスコ内の空
気が膨張し温度が下がる。露点に達すると
線香の煙が凝結核となって，水蒸気が水滴
になるため，フラスコの中が白くくもる。
このくもりは，ピストンを押すと消える。

3 前線Aは温暖前線である。

p.194 **4章　日本の気象**

1 (1)B　　(2)C　　(3)B　　(4)A
　　(5)BとC

2 (1)①イ　②ウ　③エ　　(2)南東
　　(3)西高東低　　(4)梅雨前線

3 (1)シベリア気団　　(2)②，③，④，⑦
　　(3)雪　　(4)(乾いた)晴天の日

解　説

2 (1)①は夏で日本列島は小笠原高気圧に
すっぽり覆われる。②は冬で等圧線は間隔
の狭い縦じまになる。③はつゆの時期の停

滞前線だから，梅雨前線である。

3 (2)日本海上，太平洋上を渡るとき，乾い
た風が水蒸気を含む。
(4)水蒸気の大部分を雪として日本海側に降
らせた空気は，太平洋側に寒冷で乾いた風
としてふき降り，晴天をもたらす。

207

6 5 4 3
D C B A